알수록 궁금한
과학 이야기

세상에 뭐 이런 과학이 다 있어?

알수록 궁금한 과학 이야기

콜린 바라스 지음
이다윤 옮김

타임북스
TIME BOOKS

지은이의 말

'케빈 베이컨의 6단계 법칙'이 무엇인지 아는가? 우리 모두 여섯 번 이내의 사회적 단계로 연결돼 있다는 이론이다. 이 이론에 따르면 나는 물론 당신도 여섯 단계 이내로 미국 대통령과 연결된다. 그런데 이것을 과학적인 발견에도 적용할 수 있다. 솔직히 과학적인 발견이야말로 저마다 다른 사건으로 따로따로 떼어놓고 생각하기 어렵다. 생각해보라. 아인슈타인이 태어나지 않았다면 상대성이론도 없었을 테고, 상대성이론을 바탕으로 만들어낸 GPS 시스템 역시 없었을 것이다. GPS가 없으면 스마트폰으로 지금처럼 편하게 길 찾기가 불가능할 뿐만 우주를 관통하는 중력파도 측정해내지 못했을 것이다.

가끔은 각각의 과학적 사건을 연결 짓기가 불가능해 보이기도 한다. 예를 들어, 실험실에서 줄기세포로 인위적인 소고기를 배양하는 일과 우주에서 소행성을 채굴하는 일이 대체 무슨 관계가 있단 말인가. 하지만 두 연구는 모두 물을 확보하려 애쓴다는 점에서 깊은 관계가 있다. 정말이지 놀랍지 않은가?

두 연구의 공통점은 이뿐만이 아니다. 줄기세포 소고기와 우주 채굴 사업은 모두 지구 환경을 보호하기 위한 연구기도 하다. 줄기세포로 소고기를 만들면 메탄가스가 줄어들 테니 지구 온난화가 심해지지 않을 테고, 소행성에서 희귀 원소를 채굴하면 지구의 땅을 파헤칠 이유와 원소 추출을 위해 화학약품을 쓸 필요가 사라질 테니 당연히 지구 환경 보호에 도움이 될 것이다.

이야기가 나온 김에 덧붙이자면, 오늘날 인류는 지구 온난화 때문에 멸종할지도 모른다는 두려움에서 자유롭지 못하다. 하지만 43만 년 전 살해돼 빙하 속에 갇혀 있던 얼음 인간 외치를 발견하고, 우리가 구석기 시대 유럽에 살던 원시인의 삶을 들여다보게 된 것도 모두 지구 온난화 덕분이다. 온난화 때문에 빙하가 녹지 않았다면 우리가 무슨 수로 빙하 속의 외치를 발견했겠는가.

과학의 각 분야에서 새롭게 발견해낸 사실들은 그 자체로도 놀랍지만, 이처럼 서로 연결돼 하

나의 근사한 이야기를 만들기도 한다. 그래서 이 책에서도 케빈 베이컨 법칙처럼 각각의 과학적인 사건들을 연결해봤다. 이 책에 실린 주제들은 과학 전반에 통틀어 사람들이 가장 관심을 두고, 많은 화제를 일으킨 이야기 가운데 다소 무작위로 골랐지만, 서로 어렵지 않게 연결된다. 나와 마찬가지로 한국의 독자들도 상상지도 못했던 과학적 사건들의 연관성을 발견하는 기쁨을 맛보길 바란다.

콜린 바라스

차례

차례

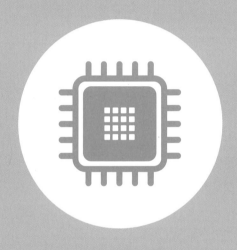

1 미래과학

줄기세포로 소고기를 만든다고?

영국에서 만드는 데에만 자그마치 약 26만 달러, 한국 돈으로는 거의 3억 원에 달하는 비용이 들어가는 햄버거가 만들어졌다. 가히 세상에서 가장 비싼 햄버거라고 할 만하다. 이 햄버거는 도대체 얼마에 팔아야 수지타산이 맞을까? 그리고 무엇 때문에 이렇게 말도 안 되게 어마어마하게 비싼 몸값을 자랑하는 걸까? 비밀은 패티에 있다. 이 햄버거의 패티는 목장에서 기른 소가 아니다. 실험실에서 배양한 줄기세포다. 진한 육즙이 일품인 이 햄버거 패티는 식육 사업의 미래, 그 자체일지도 모른다.

인류와 고기는 밀접한 관계가 있다. 수천 년 전부터 먹어왔고, 심지어 고기를 요리해 먹으면서 뇌가 커지기까지 했다. 그런데 이 고기, 정확하게는 축산업이 문제를 일으키고 있다. 그렇다면 축산업의 문제는 무엇인가?

가장 먼저 효율성을 꼽을 수 있다. 온 인류가 먹을 만큼 많은 양의 고기를 생산하려면 가축을 많이 길러야 한다. 그러려면 넓은 땅이 필요하고, 넓은 땅이 없으면 나무를 베어 만들어내야 한다. 지구의 허파라고 불리던 아마존의 커다란 나무숲이 사라진 이유도 소 떼를 기를 땅을 마련하기 위해서였다. 한 점 두 점 고기를 먹으며, 우리는 지구 생명과 환경에 중요한 나무숲도 야금야금 갉아먹은 셈이다.

거기에다가 축산업은 물도 어마어마하게 축낸다. 물이 지구의

목초지를 만들기 위해 지구 곳곳에서 나무를 베어냈다.

70%나 차지하기는 하지만, 사람과 가축이 함께 마실 물을 충분히 쟁여놓기란 쉽지 않다. 물 역시 땅처럼 한정된 자원이기 때문이다. 설상가상 비가 잘 내리지 않는 메마른 지역에서는 더더욱 물 부족에 시달릴 수밖에 없다. 환경 문제는 여기서 끝나지 않는다. 대기도 문제다. 소는 방귀와 트림으로 메탄가스를 내뿜는다. 강력한 온실가스인 메탄가스는 지구 온난화의 주요 원인으로 꼽힌다.

대규모 축산업의 또 다른 문제는 우리의 건강을 위협한다는 사실이다. 가축을 튼튼하게 키운답시고 항생제가 섞인 사료를 아무 생각 없이 먹인 결과, 항생제에 내성이 생긴 박테리아가 생겨났고 그 탓에 항생 내성 박테리아가 몸속에 들어오면…… 우리가 일반적으로 쓰는 약이 아무런 효과를 발휘하지 못하는 항생제 저항 문제가 나타난다. 여기에 더해 육식과 관련된 윤리 문제를 제기하는 사람도 많다.

2013년 네덜란드 마스트리흐트 Maastricht 대학교의 마크 포스트 Mark Post 연구단은 이 모든 문제를 획기적으로 해결할 수 있는 답안을 제시했다. 소의 근육에서 줄기세포를 채취한 다음 길러낸 배양육으로 햄버거를 만든 것이다. 연구단은 줄기세포를 열심히 운동시켜 순수한 근육질 몸매로 만드는 맞춤 제작 기술까지 선보였다. 몇 달 동안 길러낸 2만여 가닥의 근섬유는 햄버거 패티를

살아 있는 동물을 도살장에서 죽이는 것과 달리 배양육은 환경과 윤리 문제로부터 자유롭다.

만들기에 충분한 양이었다.

배양육을 먹는다면 대규모 축산업에서 발생하는 모든 문제가 사라질 것이다. 연구 결과에 따르면, 실험실에서 고기를 기를 경우 땅은 지구 전체의 1%, 물은 4%가 필요할 뿐이다. 온실가스 배출량은 목축으로 인한 배출량의 고작 4%에 불과하다. 그뿐인가? 실험실에는 세균이 없으니 항생제를 쓸 이유도 사라지며 살아 있지 않으니 도축도 필요 없다. 동물 권리 단체, PETA People for the Ethical Treatment of Animals가 배양육을 강하게 지지하는 것이 전혀 놀랍지 않다. 이 추세라면 가까운 미래에는 역사책에서나 도축장을 찾아볼지도 모른다.

다만 그렇게 되기에는 아직 몇 가지 문제가 남아 있다. 일단 생산 비용이 문제다. 2016년 샌프란시스코의 스타트업, 멤피스 미츠Memphis Meats가 내놓은 배양육 미트볼은 450그램 생산에 무려 한화 2천만 원이 넘는 비용을 썼다. 생산 단가를 합리적으로 낮추지 않는 한, 시장에서 배양육 판매는 불가능하다. 이 때문에 포스트 연구단은 합리적인 가격의 배양육 제공을 위해 계속 노력 중이며, 2021년쯤 배양육의 상품화가 가능할 것으로 내다보고 있다. 멤피스 미츠의 최고 경영자, 우마 발레티Uma Valeti도 2030년대에 정육점에서 파는 고기 대부분이 배양육일 것이라고 자신했다. 하지만 생산 비용의 문제가 해결되더라도 과연 사람들이 아무 거리낌 없이 배양육 고기를 꿀꺽 집어삼킬까? 유전자 변형 음식과 함께 배양육이 넘어야 할 가장 큰 산은 바로 소비자의 심리적 거부감이 아닐까 하는 생각이 든다.

옛날 옛적 어느 날 땅이 뒤집히고 하늘이 새카맣게 뒤덮였다. 환경이 변한 지구는 거대한 동물이 살기 힘들어졌고, 이 때문에 당시 지구를 뒤덮고 있던 공룡은 멸종해버렸다. 이미 작아져버려 겨우 살아남은 후손, 새만 남기고 말이다. 무려 6600만 년 전의 일이다. 그런데 최근 연구실의 달걀 안에서 이상한 병아리들이 자라고 있다. 공룡처럼 긴 다리뼈, 공룡같이 생긴 발, 공룡처럼 불뚝 튀어나온 주둥이까지! 알 속에서 자라나는 병아리에게서 자꾸만 공룡의 모습이 보인다. 사실 이 동물은 병아리가 아니라 이제껏 누구도 본 적 없는 놀라운 동물, 치키노사우루스다.

공룡은 아주아주 오래전 멸종했다. 소행성 충돌과 화산 폭발 때문에 지구는 도저히 공룡이 살 수 없는 장소가 됐고, 끝내 공룡은 지구에서 자취를 감췄다. 이 사실을 모르는 사람은 아마 없을 것이다. 하지만 사람들이 몰랐던 사실도 있다. 잇달아 엄청난 재난이 일어나는 가운데 끝끝내 살아남은 공룡이 있다는 사실이다. 재난을 이겨낸 공룡은 환경에 적응하며 지구 곳곳으로 퍼졌고, 우리 모두는 매일매일 이 공룡의 후손과 마주한다. 바로 새다.

새가 살아남은 공룡이라는 사실이 알려지자 생물학자와 SF 팬들은 눈을 번득였다. 혹시 새를 통해 공룡을 복원할 수 없을까? 아주 오래전부터 생물학자들은 공룡의 DNA를 찾아내 공룡을 복원하려 애썼지만, 솔직히 그건 불가능한 일이었다. DNA의 유통기한은 수만 년 정도다. 얼핏 생각하기에는 아주 길지만, 문제의 공

트로오돈 같은 공룡은 오래전 모조리 사라졌지만 아주 비슷한 동물이 여전히 우리 주변에 남아 있었다.

룡 멸종은 수만 년 전이 아니라 6600만 년 전의 일이다. DNA가 그대로 남아 있기를 바라기에 6600만 년은 너무나 오랜 시간이다. 스티븐 스필버그 Steven Spielberg에 의해 영화로도 만들어져 세계적으로 흥행한 마이클 크라이튼 Michael Crichton의 소설 《쥬라기 공원 Jurassic Park》(1990)처럼 호박 속에 갇힌 모기에게서 공룡의 피를 뽑아내, 그 DNA로 공룡을 다시 만들어내는 일은 불가능하다.

새가 살아남은 공룡이라고 밝혀지자 생물학자들은 냉큼 태도를 바꿨다. 고대 화석에 담긴 공룡의 DNA 찾기를 관두고, 새에게서 공룡의 DNA를 얻기로 마음먹은 것이다. 물론 이 또한 만만치 않은 일이었다. 오랜 세월이 흐르며 지금의 새는 과거의 공룡과 상당히 달라졌고, 새의 DNA만으로는 가지각색으로 다양한 공룡의 모습을 다 알아낼 수 없었다. 새의 DNA만 가지고는 티라노사우루스 같은 공룡을 만들 수 없다는 의미다. 그러자 과학자들은 악어에게 눈길을 돌렸다. 공룡과 악어가 공통의 조상으로부터 갈라졌기 때문이다. 과학자들은 새의 유전자를 조작해 악어와 비슷하게 바꿔나갔다. 이렇게 진화의 시곗바늘을 거꾸로 돌리자 새는 점점 티라노사우루스를 닮아갔다.

미국 하버드 Harvard 대학교의 아르카트 아브자노프 Arkhat Abzhanov 연구단은 2011년 닭 배아의 유전자를 살짝 바꿔 부리 자리에 티라노사우루스와 닮은 주둥이를 만들어냈다. 칠레 Chile 대학교 주앙 보텔로 João Botelho는 2016년 유전자 변형 기술로 닭 배아의 다리뼈를 길쭉하게 만들었다. 길쭉해진 다리뼈는 새보다는 포식자 공룡의 다리뼈와 더 비슷해 보였다.

진화의 비밀을 알아낼 방법이 유전자 변형만 있는 것은 아니다. 배아의 발달을 관찰하는 것도 방법의 하나다. 보텔로 연구단은 2015년 새의 배아가 알 속에서 활발하게 활동하기 때문에 나뭇가지를 그러쥐게끔 하는 마주 보는 엄지발가락이 발달한다는 것을 알아냈다. 배아의 활동을 억제하는 약물을 주입하자 마주 보는 발가락이 생겨나지 않았다. 마주 보는 발가락이 없는 새의 발

과학자들의 생각 이상으로 새와 공룡의 알은 매우 흡사했다.

새와 공룡의 발은 무척 비슷하다.

은 공룡의 커다란 발과 무척 닮은 모습이었다.

사실대로 털어놓자면, 위 연구들의 목적은 진짜 공룡의 부활이 아니다. 유전자가 진화와 배아 발달에 미치는 영향을 알아내려 할 뿐이다. 유전자 조작으로 만들어낸 치키노사우루스의 부화는 연구 윤리에 어긋나기 때문에 치키노사우루스는 알에서 부화해선 안 된다. 하지만 유명한 고생물학자이자 자칭 타칭 금세기 최고의 공룡 전문가이며 애호가인 잭 호너 Jack Horner는 살아 움직이는 공룡을 만나는 건 이제 시간문제일 뿐이라며 이제 멸종이라는 단어를 사전에서 지워버려야 한다고까지 이야기한다. 호너의 바람대로 날개 대신 앞다리가 나고, 부리 대신 이빨 가득한 주둥이에 티라노사우루스처럼 꼬리가 긴 치키노사우루스가 알에서 깨어나 돌아다니는 날이 언제 올지 함께 기대해보자.

생물에게 필요한 최소한의 유전자가 몇 개일까? 밝혀진 바에 따르면, 더도 말고 덜도 말고 딱 473개라고 한다. 생물과 무생물을 무 자르듯 구분하는 지점을 찾던 생물학자들은 2016년 드디어 생명 구성에 없어서는 안 되는 필수 유전자만 모아 인공 생명체를 설계하고 만들어냈다. 자연이 만든 미생물보다 유전자 숫자가 50개 정도 모자랐지만, 인공 미생물은 쑥쑥 크고, 잘 번식했다. 생명의 비밀을 알아내기 위해 이제 우리가 할 일은 이 미생물 중 3분의 1이 정확하게 무슨 역할을 하는지 알아내는 것이다.

세포를 생명 에너지 공장에 비교한다면, 생명공학자들은 연필이나 필통 공장에서 기계를 뚝 떼어다가 생뚱맞게 감기약이나 만두 공장 안에 쓱 집어넣음으로써 약품이나 음식이 빨리빨리 찍혀나오게끔 하는 일을 하곤 한다. 그런데 기계 하나하나가 아니라 생산 설비를 통째로 옮기면 어떨까? 2008년, 생물학자이자 벤처 사업가인 크레이그 벤터 Craig Venter의 연구단은 유전자를 통으로 묶은 유전체 옮기기에 팔을 걷어붙이고 나섰다.

2010년, 벤터 연구단은 기념비적인 실험 결과를 공개했다. 원핵생물 박테리아의 한 종류인 마이코플라스마 마이코이데스 Mycoplasma mycoides의 유전체를 인공으로 합성해 박테리아 마이코플라스마 카프리콜럼 Mycoplasma capricolum의 유전체와의 바꿔치기에 성공한 것이다. 겉과 속이 서로 다른, 인공 미생물 artificial microbe은

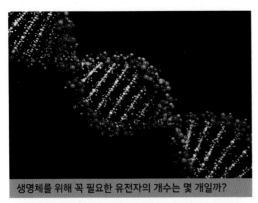
생명체를 위해 꼭 필요한 유전자의 개수는 몇 개일까?

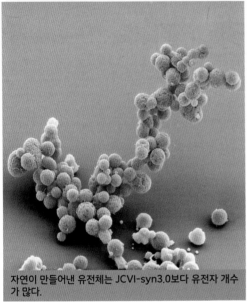
자연이 만들어낸 유전체는 JCVI-syn3.0보다 유전자 개수가 많다.

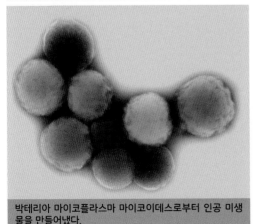
박테리아 마이코플라스마 마이코이데스로부터 인공 미생물을 만들어냈다.

다른 일반적인 미생물과 다를 바 없이 움직였다. JCVI-syn1.0의 탄생 순간이었다.

이 실험은 세상을 발칵 뒤집어놓았지만, 아무리 똑같이 생기고 똑같이 행동해도, 인간이 만든 미생물은 자연이 만든 미생물과 다르다고 여기는 이들도 있었다. 교황청 기관지 <로세르바토레 로마노> L'Osservatore Romano도 인공 미생물이 "높은 수준의 유전공학"일 뿐이라며 인공 미생물을 생명으로 인정하지 못하겠다는 뜻을 조심스럽게 내비쳤다. 인공 미생물은 세상이 들썩일 정도로 분명히 인상적이었지만, 별다른 의미가 없었다. 유전체라는 내용물을 통째로 복사해서 만든 유전체를 원래 틀인 미생물에 도로 집어넣었을 뿐이었다.

하지만 JCVI-syn3.0은 달랐다. 2016년, 벤터 연구단은 인공 유전체 가운데 생명활동에 필요 없는 유전자를 모조리 제거한 최소한의 유전자로만 이뤄진 미생물, JCVI-syn3.0을 발표했다. 인공 유전체에서 유전자 하나를 없앤 뒤 미생물이 살아남는지 아닌지 살피는 방식으로 만들어낸 것이다. 마치 젠가 한 세트를 쌓아놓고 하나씩 빼며 가장 최소한의 조각으로 무너지지 않고 버티는 형태를 찾은 것과 같았다. 이렇게 만든 미생물, JCVI-syn3.0은 확실히 인간이 만들어낸 새로운 인공 생명체였다.

벤터 연구단은 마이코플라스마 마이코이데스가 유전체 중 유전자의 일부가 없어도 큰 문제가 없이 생존할 수 있다고 밝혔다. 최소한 먹이가 충분하고 천적이 없는 멸균 실험실의 페트리 접시에서는 끄떡없었다. 거친 자연의 세계에서는 없앴던 유전자 가운데 몇몇이 다시 필요해졌지만, 어쨌든 시설 좋은 연구실에서라면 마이코플라스마 마이코이데스는 전체 유전자 901개 중 473개만 있어도 무리 없이 살아남았다.

473개의 유전자 중에는 영양분 소화 유전자와 세포 자기 복제 유전자가 포함되어 있었다. 생존과 번식에 필수적인 유전자가 남아 있었다는 말이다. 하지만 이 중 149개의 유전자는 아직까지 그 쓸모가 무엇인지 알아내지 못했다. 확실한 것은 149개의 유전자 중 하나만 사라져도 미생물이 이내 죽어버린다는 사실뿐이었다.

벤터 연구단의 발표는 유전학자들에게 큰 숙제를 남겼다. 149개의 유전자 각각은 도대체 무슨 역할을 하는 걸까? 이들의 역할을 밝혀내면 생명체가 작용하는 가장 근본적인 방식을 알아낼 수 있지 않을까? 어쩌면 생물과 무생물의 차이점이 무엇인지 정확히 알아내는 실마리가 될지도 모른다. 심지어 이로 인해 우리의 몸에 대해 더 잘 이해하게 될 수도 있다. 149개의 유전자와 비슷한 유전자가 우리 몸속에서도 찾아볼 수 있기 때문이다.

세상에서 가장 많이 인쇄된 책은 무엇일까? 언뜻 셰익스피어 전집, 옥스퍼드 영어사전, 성경 정도가 떠오른다. 그런데 2012년 한 권의 책이 세상에서 가장 많이 인쇄된 책 목록의 가장 윗자리를 차지했다. 제목은 《재생: 어떻게 합성생물학은 자연과 우리를 새롭게 만들었는가》이었다. 이 책은 무려 700억 권이나 찍혔는데, 2012년을 기준으로 지구의 모든 사람에게 10권씩 나눠주고도 남을 양이었다. 하지만 이 책은 아무나 읽을 수 없다. 외계어 버금가게 어려운 과학 용어 때문이 아니라 디지털 양식으로 암호화돼 미생물의 DNA에 저장됐기 때문이다.

하버드 Havard 대학교의 유전학자 조지 처치 George Church는 2012년 자신의 저서 《재생: 어떻게 합성생물학은 자연과 우리를 새롭게 만들었는가》Regenesis: How Synthetic Biology Will Reinvent Nature and Ourselves를 우리가 보통 생각하는 인쇄가 아닌 완전히 다른 방식으로 인쇄했다. 미생물의 DNA에 저장한 것이다. 이것은 황당무계한 이야기로 들릴지도 모르겠다. 도대체 어떻게 책을 DNA에 저장했단 것일까?

방법은 이렇다. 우선 책을 디지털 형태로 변환한다. 53,400개의 단어와 11장의 사진으로 이뤄진 책을 디지털로 변환하면 용량이 5메가바이트에 불과하다. 그다음 디지털의 표현 형식인 0과 1을 DNA의 염기와 상응시킨다. DNA는 아데닌(A), 티민(T), 구아닌(G), 그리고 시토신(C) 이렇게 4개의 염기로 이뤄진다. 처치 연구단은 0은 DNA

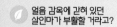

유전자 지문은 DNA를 분석해 개인을 인식하는 현대 유전자 감식 기법의 하나다.

의 염기 A 또는 C로, 1은 G 또는 T로 바꾸어 디지털 정보를 DNA 분자 구조로 만들었다. 그들은 DNA 형태로 저장된 책을 70억 번이나 찍어냈는데, 이 일은 누워서 떡 먹기나 다름없었다. 자기 복제는 DNA가 가장 잘하는 일이기 때문이다. 이렇게 DNA를 정보를 저장매체로 활용하는 것이 DNA 메모리다. DNA에 책을 저장함으로써 처치 연구단은 생물공학의 수준이 DNA의 정보 저장 능력을 활용할 정도로 충분히 정교해졌다는 것을 입증했다.

IT 기업들은 이를 흥미롭게 지켜보았다. IT 기업이 왜 DNA 메모리에 주목하는 것일까? 거기에는 충분한 이유가 있다. 매일매일 새롭게 올라오는 유튜브 Youtube의 동영상과 인스타그램 Instargram의 사진은 반드시 어딘가에 저장돼야 한다. 그런데 눈덩이 불어나듯 나날이 늘어나는 정보를 저장하기에 현재의 메모리는 턱없이 부족하다. 이에 과학자들은 DNA로 눈을 돌렸다. DNA는 적은 양으로도 많은 정보를 저장할 수 있기 때문이다. 마이크로소프트 Microsoft도 현재 인터넷상의 공공 데이터 전부를 저장하는데 고작 신발 상자 정도의 DNA라면 충분하다고 내다봤다. 2016년에는 1,600메가바이트의 디지털 정보를 DNA에 저장하는 데에도 성공했다.

DNA는 쉽게 변하지도 않는다. 춥고 건조한 환경이라면 수만 년도 끄떡없이 버틴다. 유전학자

DNA의 4가지 염기를 이용해 디지털 정보를 저장한다.

들은 심지어 43만여 년 전에 살았던 원시인의 뼈에서 DNA를 추출해 유전정보를 읽어내기까지 했다. 우리가 인류의 진화에 대해 이해의 폭을 넓힌 건 덤이었다. 이 같은 DNA의 특징 덕분에 어쩌면 원시 생물의 DNA를 이용해 멸종된 생물 종을 부활시키는 날이 올지도 모른다. 이를테면 수만 년 전 사라져버린 매머드를 살려내기만 한다면 DNA의 보존 능력을 입증하는 살아 있는 증거가 될 것이다.

DNA 메모리에 대한 재미있는 일화도 있다. 1970년대 일본 과학자 히로미츠 요코와 타이로 오시마는 외계 지적 생명체가 만약 존재한다면 DNA의 정보 저장 능력을 눈여겨보고, 지구 생물의 유전자 속 DNA에 메시지를 남겼을지도 모른다고 생각했다. 유전체의 일부 불필요한 부분에 숨겨진 메시지가 있을지도 모른다고 말이다. 두 과학자는 직접 팔을 걷어붙이고 바이러스의 유전체에서 외계 지적 생명체의 메시지를 찾으려 시도했다. 아직까지 딱히 성공했다는 소식은 들리지 않지만 말이다.

DNA 메모리가 주목받는 마지막 이유는 살아 있는 생명의 정보 저장 시스템이기 때문이다. 지난 40여 년 동안 우리는 카세트테이프, VHS, 플로피디스크, CD, DVD와 같은 저장매체가 반짝

카세트테이프와 달리, DNA는 인류와 말 그대로 떼려야 뗄 수가 없다. 중요한 정보를 저장하기엔 이보다 좋은 장치는 없다.

주목받다 사라지는 것을 지켜봤다. 사람들은 새로운 저장매체가 등장할 때마다 우르르 떼로 몰려가 열광하고 이내 잊어버렸다. 기술은 거듭거듭 발전하고 오래된 저장매체에 저장된 정보는 다시 꺼내보기 힘들어졌다. 하지만 DNA는 다르다. 지구에 지적 생명체가 존재하는 한 DNA에 대한 관심이 사라질 리 없지 않은지 않은가?

2016년 4월 29일 금요일. 미국 네바다 주 하늘 위로 드론 하나가 날아올랐다. 가뭄으로 바짝바짝 말라가는 곳들에 비를 불러오기 위해 훈련하던 드론이었다. 과거에는 비를 부르고 싶을 때 기우제를 지냈다면 지금은 드론을 날리는 셈이다. 그런데 정말 날씨를 인위적으로 조절해 비를 내릴 수 있을까? 인공적으로 비를 내리게 하는 구름씨 뿌리기 기술은 이미 수십 년째 높은 성공률을 자랑한다. 2008년 베이징 올림픽 개막식 날 비가 한 방울도 내리지 않았던 이유도 다 구름씨 뿌리기로 날씨를 조절했기 때문이었다.

인공적으로 날씨를 조절할 수 있을까? 미국 네바다 주에 위치한 사막연구소 DRI Desert Research Institute의 연구원들은 구름씨 뿌리기 cloud seeding가 적어도 30년 이상 비 내리기에 성공했고, 기술의 효과는 의심할 바가 없다고 주장한다. 반면 2003년 미국 국립 조사 위원회 National Research Council는 구름씨 뿌리기가 실제로 비를 내린다는 그 어떤 과학적인 근거도 없을뿐더러 근거를 찾는 노력조차도 생각보다 어려운 일이라고 단정한다.

구름씨 뿌리기의 과학적 원리는 단순하다. 공기 중에 인공적으로 작은 구름 입자를 뿌려 물분자가 뭉치게끔 한다. 이런 구름'씨'를 중심으로 물분자가 충분히 뭉쳐지면, 물방울이 된다. 비와 눈으로 떨어질 준비가 끝난 것이다.

구름씨로 가장 많이 이용되는 것은 요오드화은 입자다. 결정 구

미국 네바다 주는 매우 건조한 지역이다.

비행기에 부착한 요오드화은 분사 로켓. 드론으로 분사 로켓을 쏘면 비용이 훨씬 저렴하다.

조가 얼음 조각과 비슷해 물 분자가 쉽게 뭉치도록 돕기 때문이다. DRI 과학자들은 구름씨로 쓰이는 요오드화은을 하늘 위로 보내기 위해 로켓을 쏘아 올렸다. 하지만 이 방법으로는 비 만들기 가장 적절한 장소에 정확히 구름씨를 보내기가 어렵다는 단점이 있었다. 하늘 위에서 구름씨를 흩뿌리는 방법이 가장 효과적이지만, 이를 위해 비행기를 띄우는 건 비용이 만만치 않다. 뭔가 효율적인 방법이 없을까? 고민하던 때 해결책으로 떠오른 것이 드론이었다.

드론은 비교적 가격이 저렴하다. 일반인도 3D 프린터로 드론을 만들 수 있을 정도다. 게다가 만약 충돌 사고가 일어나도 사람이 다칠 가능성이 매우 적다. 이러한 장점 덕분에 2016년 상반기 동안 DRI 과학자들은 드론인 산도발 실버 스테이트 시더 Sandoval Silver State Seeder를 이용해 구름씨를 뿌리기 위해 비행 실험을 거듭했다. 그해 6월, 구름씨 로켓을 매단 드론이 하늘 높이 떠올랐다. 드론은 여러 상황에서 임무를 완수하며 자신의 가치를 두루두루 입증했다.

우려의 목소리도 있기는 하다. 카메라가 달린 드론이 사생활을 침해할 것이라고 생각하는 사람들도 있으니까. 하지만 드론은 이미 아프리카의 여러 국립 공원에서 밀렵꾼을 감시하고 증거를 수집하는 역할을 한다. 많은 사람이 한때의 기삿거리에 불과하다고 생각했던 드론 택배 또한 도

강력한 지진으로 통신시설이 무너져 내렸을 때, 드론을 이용하면 멀리 떨어진 지역에도 손쉽게 소식을 전할 수 있다.

로 사정이 좋지 않은 제3 세계 국가에서 이미 의약품 배달에 쓰이고 있다. 지진 같은 자연재해가
휩쓸고 지나간 곳에서는 통신 수단이기도 하다. 어떤 사람들은 드론을 마치 값비싼 장난감 정도
로 취급하지만, 약을 배달하고, 야생 동물을 보호하며, 메마른 지역에 비를 뿌리는 드론은 현대
기술의 기적이 아닐까?

투명 망토가
지진을 막아줄 거라고?

강력한 지진이 도시를 덮친다. 거칠게 흔들리던 건물들은 견디지 못하고 하나둘 씩 무너져내린다. 그런데 뭔가 이상하다. 가운데 병원 건물 하나만이 마치 무슨 일이 있느냐는 듯이 평온하다. 심하게 흔들리다 주저앉는 건물들 사이에서 미동조차 없다. 곧 지진이 멈추고 도시에는 지진이 남기고 간 잔해만 남았다. 오로지 병원 건물만이 아무 일도 일어나지 않았다는 듯 꼿꼿하게 서 있을 뿐이다. 실제로 이런 일이 일어날 수 있을까? 여기에 대한 답은 "있을 수도 있다"이다. 지진이 병원을 '보지 못하게' 하면 충분히 가능하다.

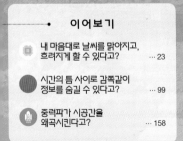
2006년, 《해리 포터》Harry Potter 시리즈 팬들은 깜짝 놀랄 만한 소식을 들었다. 소설에 나오는 투명 망토를 실제로도 만들 수 있다는 소식이었다. 마법의 힘으로 투명 망토를 만들어내는 거냐고? 당연히 그렇지 않다. 투명 망토를 만들어내는 것은 바로 물리학이다. 이 소식을 전한 것도 마법 학교 호그와트가 아니라 영국 임피리얼 칼리지 런던 Imperial College London의 존 펜드리 John Pendry 연구단이었다. 도대체 어떻게 물리학으로 투명 망토를 만든다는 것일까?

투명 망토의 원리를 이해하기 위해서는 '우리가 어떻게 물체를 볼 수 있는지'를 가장 먼저 알아야 한다. 과연 우리는 어떻게 물체를 보는 것일까? 빛은 직진하다 물체에 부딪히면 튕겨 나오는데, 이 튕겨 나온 빛이 눈에 들어오면 우리는 물체를 볼 수 있다. 그렇다면 빛을 물체와 만나지 못하게 하면 어떻게 될까? 물체 쪽으로 직진하

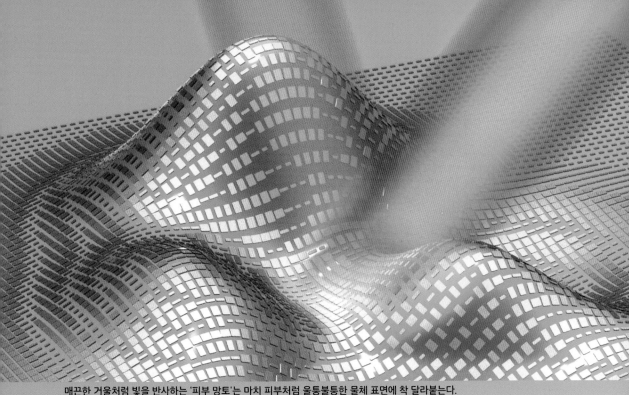

매끈한 거울처럼 빛을 반사하는 '피부 망토'는 마치 피부처럼 울퉁불퉁한 물체 표면에 착 달라붙는다.

는 빛을 붙잡아 빙 돌아가게 만들면? 물체와 마주치지 않은 빛을 다시 움직이던 방향으로 놓아 주면 빛은 마치 아무 일도 없었다는 듯 천연덕스럽게 다시 쭉쭉 뻗어나간다. 이런 식으로 투명 망토가 빛과 물체의 만남을 방해하면 물체를 맞고 튕긴 빛이 우리 눈으로 들어올 수도 없다. 우리가 투명 망토 안에 든 물체를 볼 수 없다는 뜻이다.

죄다 이론일 뿐, 실제로 투명 망토가 개발된 건 아니지 않냐고? 2006년 말, 미국 듀크Duke 대학교의 데이비드 스미스David Smith 연구단이 진짜 투명 망토를 만들었다. 마이크로파로부터 작은 원통을 거의 완벽하게 숨긴 것이다. 마이크로파는 잘게 쪼갠 빛의 한 종류로 파장이 길다는 특정이 있으며 우리의 눈에 보이지 않지만, 그래도 빛은 빛이니까 데이비드 스미스 연구단이 만든 투명 망토도 투명 망토는 투명 망토인 셈이다. 몇 년이 흐르고, 물리학자들은 가시광선으로부터 물체를 숨기는 투명 망토를 개발했다. 마이크로파와 달리 가시광선은 우리가 눈으로 볼 수 있으니 '진짜' 투명 망토를 만들었다고 볼 수 있다. 그런데 아직도 우리에게 투명 망토가 낯설기만 한 이유는 다음과 같다.

일단 만들어낸 투명 망토의 크기가 아주 몹시 매우 작았다. 게다가 모든 파장과 색깔을 피해가

과학자들은 지진을 막아낼 방법을 찾고 있다.

는 것이 아니라 오로지 하나의 파장, 하나의 색깔로부터만 숨길 수 있었다. 거기다 움직일 때마다 빛의 굴절율을 인위적으로 바꿔줘야 했다. 당연히 이것은 쉬운 일이 아니었다.

2012년 한국 연세 Yonsei 대학교 기계공학과 김경식 연구단이 미국 듀크 Duke 대학교 데이비드 스미스 David R. Smith 연구단과 공동으로 움직여도 괜찮은, 투명 망토의 신소재를 개발했다고 밝혔지만 이 역시 개발이 완료된 것은 아니다. 그러니까 어디에서나 척척 사람과 물체의 모습을 숨겨주는 《해리 포터》의 투명 망토를 현실에서 만나보려면 아직 한참을 기다려야 한다.

그런데 투명 망토에 뜻밖의 쓸모가 있었다. 2008년 프랑스 프레넬 Fresnel 연구소의 스테판 에녹 Stefan Enoch 연구단과 영국 리버풀 Liver pool 대학교의 세바스티앵 귀노 Sébastien Guenneau 연구단은 투명 망토 연구를 새로운 방향으로 틀었다. 투명 망토 기술을 적용해 건물이 지진을 피할 수 있다고 생각한 것이다. 지진을 막는 투명 망토 실험은 2012년까지 계속됐다. 다른 과학자들도 어떤 형태의 투명 망토가 가장 효과적으로 지진을 막아내는지 연구했다. 그 결과, 다양한 방법이 쏟아졌다. 건물 빙 둘러싸고 금속막대를 꽂는 방법이 있는가 하면, 땅속에 특별하게 설계한 구멍을 뚫어 지진을 피하는 방법도 있었다. 안타깝게도, 어떤 망토도 지진을 완벽하게 속일 순 없었지만 말이다. 2011년 3월, 일본을 덮친 것처럼 어마어마한 강진(진도 9) 앞에서는 오히려 투명 망토가 부서질 수도 있다. 그렇다고 너무 아쉬워하거나 좌절할 필요는 없다. 지금껏 연구된 투명 망토로도 일반적인 규모의 지진은 너끈히 막아낼 수 있으니까.

투명 망토가 가리는 것은 지진뿐만이 아니다. 아예 지구를 숨기겠다는 시도도 등장했다. 2016년 4월에는 미국 컬럼비아 Columbia 대학교의 우주 비행사 데이비드 키핑 David Kipping과 알렉스 티치 Alex Teachey가 투명 망토로 지구를 숨기겠다고 나섰다. 혹시 모를 외계 지적 생명체의 무시무시

지진은 모든 것을 파괴하는 무시무시한 힘을 지녔다.

한 위협으로부터 지구를 숨겨버리겠다는 것이었다. 그들의 계획은 아래와 같다.

　과학자들은 우주 저 멀리, 사람은 도저히 갈 수 없는 먼 곳에서 외계 행성을 찾아내기 위해 별빛의 세기를 측정한다. 행성은 빛을 내뿜는 별 주위를 돌며 별빛을 가려버린다. 망원경으로 우주 저 멀리 별을 관찰하다가 별빛의 세기가 주기적으로 감소한다면 그 별을 중심으로 공전하는 행성이 있다고 추측할 수 있다. 이것을 '통과 관측법' transit method이라고 하는데, 통과 관측법으로 지구를 찾아내려는 외계 지적 생명체가 있을지도 모르니 지구에 투명 망토를 씌우자는 것이 둘의 주장이었다. 방법은 간단하다. 지구가 태양 앞을 지날 때 강력한 레이저를 쏘아 태양 빛이 가려지지 않은 것처럼 외계 지적 생명체의 눈을 속이는 것이다.

　키핑과 티치의 생각은 여기서 멈추지 않았다. 혹시 문명과 과학 기술이 고도로 발달한 외계 지적 생명체가 투명 망토로 우리의 눈을 속이고 있는 건 아닐까? 의심했다. 이게 진실이라면 우리가 그토록 열심히 외계인을 찾아다녀도 아무것도 발견하지 못한 까닭은 투명 망토 때문일지도 모른다.

인공 태양이 에너지의 미래라고?

태양계에 스스로 빛나는 별은 태양, 딱 하나다. 지구와 행성 7개(태양계에 제9 행성이 존재할 가능성을 간과할 수 없으니, 어쩌면 8개)가 태양 주위를 돌고 있다. 적어도 지난 몇십억 년 동안은 그랬다. 하지만 앞으로 몇십 년 뒤에도 태양이 단 하나뿐일 거라는 보장은 없다. 곧 새로운 별 하나가 반짝이며 떠오를 예정이기 때문이다. 하나가 부족하다면 2개, 3개, 그리고 4개, 얼마든지 더 떠오를 수 있다. 이 별들은 어두운 우주가 아닌 지구 한복판에서 밝게 빛날 것이다. 그리고 에너지 산업의 미래가 될 것이다.

1950년대 처음 문을 연 원자력 발전소는 오늘날 전 세계 에너지 생산량의 10%를 책임진다. 지금껏 입증된 바에 따르면 원자력은 안전할 뿐만 아니라 상업 경쟁력도 충분하다. 지구 온난화를 일으키는 온실가스 탄소도 발생시키지 않는다. 하지만 여전히 많은 사람이 원자력 발전소를 걱정스러운 눈빛으로 바라보는 이유는 천에 하나 만에 하나 원자로가 녹으면 치명적인 방사선 누출의 위험이 있기 때문이다. 원자력 발전소의 건설을 반대하는 사람들이 자꾸만 체르노빌, 스리마일, 후쿠시마 사고를 끄집어내는 이유다. 사고 위험성만 문제인가? 방사성 핵폐기물도 걱정이다. 집 앞에 핵폐기물 시설이 들어선다는데 손뼉 치며 환영할 사람은 아무도 없을 것이다.

이런저런 어려운 문제를 마주해서 180° 생각을 뒤집은 사람들이

핵융합 기술 최전선에 벤델슈타인 7-X가 우뚝 서 있다.

있다. 에너지를 얻기 위해 원자핵을 쪼개는 것이 아니라 원자핵을 뭉쳐보기로 한 것이다. 마치 태양처럼 말이다. 이것이 핵융합 기술의 기본 아이디어다. 핵융합은 두 종류의 수소 동위원소, 중수소와 삼중수소를 연료로 사용한다. 핵융합 원자로에 중수소와 삼중수소 기체를 넣고 엄청나게 높은 열을 가해 원자핵과 전자가 분리된 플라스마 상태로 만든다. 전자가 자유롭게 날아가버리면 남은 원자핵끼리 융합하며 에너지가 발생한다. 태양도 이와 같은 원리로 빛과 열을 낸다. 그래서 핵융합 에너지를 인공 태양이라고도 부른다. 핵융합 에너지는 해로운 방사성 핵폐기물을 거의, 어쩌면 전혀 만들어내지 않아, 핵분열 에너지의 뒤를 이을 미래 에너지로 기대를 모으고 있다.

자! 이제 태양 만들기만 하면 된다. 문제는 사람의 힘으로 태양을 만드는 일이 생각보다 더 어렵다는 점이었다. 몇십 년째 핵융합 기술 개발에 매달렸지만, 실험조차 제대로 성공하지 못했다. 핵융합 반응을 위해 1억℃가 넘는 플라스마가 필요한데, 이런 플라스마는 만들어내기도 어렵고 만들어낸다 하더라도 마음대로 다루거나 유지하기 어렵다. 현재 가장 큰 기대를 모으는 방법은 고온의 플라스마를 강력한 자기장으로 가두어 원자로와 직접 맞닿지 않게 하는 것이다. 만약 맞닿는다면 원자로 벽은 땡볕에 아이스크림 녹듯 순식간에 녹아내릴 것이다.

국제 핵융합 실험로 연구 기구는 어려움을 이겨내고, 핵심 실험장치인 토카막을 건설하고 있다.

현재 세계 여러 나라가 핵융합 기술 발전을 위해 힘을 모으고 있다. 프랑스에 만들어진 국제 핵융합 실험로 ITER International Thermonuclear Experimental Reactor라는 기구가 대표적인 노력의 일환이다. 2013년 ITER은 플라스마 가두기의 핵심인 자기장 실험 장치, '토카막' Tokamak 건설의 첫 삽을 떴다. 계획대로라면 2020년에 토카막 완공을 끝내고, 이후 10년 동안 핵융합 실험을 할 예정이었다. ITER은 실험으로 축적한 기술을 바탕으로 첫 상업용 핵융합 발전소까지 만들어내겠다는 자신만만한 계획을 세웠다.

하지만 ITER보다 먼저 다른 연구소에서 상업용 핵융합 발전소를 만들지도 모르겠다. 예상치 못한 문제들로 ITER의 토카막 완공이 5년 연기됐고, 그와 별개로 2015년 10월 독일 그라이프스발트에 위치한 막스 플랑크 Max Planck 연구소에서 또 다른 유형의 핵융합 원자로, 벤델슈타인 7-X Wendelstein 7-X를 만들어냈기 때문이다. 벤델슈타인 7-X는 몇 주간의 실험 뒤 2016년 2월, 첫 번째 운행을 성공적으로 끝마쳤다. 무려 첫 운행 단계에서 8천만℃의 플라스마를 0.25초 동안 가두는 데 성공한 것이다. 그 후 2016년 3월부터 1년이 넘는 기간 동안 원자로를 재정비했다. 벤델슈타인 7-X는 앞으로 몇 년 내로 30분 동안 플라스마를 가두겠다는 목표를 향해 나아가고 있다.

중국에서도 핵융합 기술을 발전시키고 있다. 2016년 2월, 허페이에 있는 중국 과학원 플라스마 물리 연구소 핵융합 실험로 EAST Experimental Advanced Superconducting Tokamak에서는 5천만℃의 플라스마를 거의 2분간 가두는 데 성공했다. 시간상 최대 기록이다. EAST의 다음 목표는 1억℃의 플라스마를 천 초 동안 가두는 것이다. 현재 운행 중이거나 곧 운행할 핵융합 원자로 모두가 목표를 달성하기 위해 연구에 매달리고 있다. 이 목표를 다 이뤄도, 핵융합 발전소에서 실제로 에너지를 만들어내려면 아직도 까마득히 기다려야 하지만, 오늘도 세계 각국에서 치열하게 기술 개발 중이다. 핵융합의 시대는 쉼 없이 우리 곁으로 가까이 다가오고 있다.

쥐 죽은 듯이 고요한 이라크 시내에 경찰이 두리번거리고 있다. 이어서 고막이 찢어질 것처럼 요란한 폭발 소리, 눈을 찌르는 강한 빛과 함께 폭탄이 터진다. 다행히 이 폭발로 다친 사람은 아무도 없다. 경찰과 지나다니는 사람은 물론 폭탄마저 모두 컴퓨터로 만들어진 것이기 때문이다. 바로 가상현실이다. 이 가상현실 전쟁 장면은 게임이 아니다. 외상 후 스트레스에 시달리는 퇴직 군인을 돕는 치료 프로그램이다. 가상현실은 게임 같은 엔터테인먼트 산업뿐만 아니라 그 밖의 다양한 분야에서도 무궁무진한 가능성을 지닌다.

가상현실, 그러니까 VR virtual reality 기술은 이미 수십 년 전 만들어졌다. 컴퓨터 프로세서가 발목을 잡고 있는 탓에 일상생활에서 쉽게 접할 수 없었을 뿐이다. 소프트웨어를 구현할 하드웨어가 없었달까. 가상현실 속에서 고개를 돌리고 손을 흔드는 일은 오래전부터 가능했지만, 컴퓨터의 반응 속도가 이를 따라잡지 못했다는 이야기다. 시선을 돌리면 화면도 바로 따라와야 하는데 그렇지 못했던 탓이다. 이에 사용자들은 두통과 멀미를 호소했고, VR 헤드셋 같은 인터페이스 기기의 발전도 더디기만 했다.

하지만 2015년 페이스북 Facebook의 오큘러스 리프트 Oculus Rift와 2016년 HTC의 바이브 Vive가 출시되면서 상황은 완전히 달라졌다. 더 이상 두통과 멀미 같은 문제로 골치 아파할 필요가 없어진 것이다. 두 헤드셋은 화면이 사용자의 시선을 바로바로 따라갔고, 당연히 어지럽지도 않았다.

발전한 가상현실의 덕을 가장 먼저 보게 될 산업은 아마 게임 같은 엔터테인먼트 분야겠지만, 가상현실은 점점 더 일상생활에 영향을 미칠 것이다. 여러 연구 결과에 따르면, 사용자는 가상현실을 마치 실제처럼 생생하게 경험하고, 경험을 바탕으로 변화한다. 가상현실이 아닌 다른 방법으로 이러한 행동 변화를 기대하기란 상당히 어렵다. 일례로, 2010년 미국 노스 캐롤라이나 North Carolina 대학교 스리람 칼리야나라만 Sriram Kalyanaraman 연구단은 조현병 가상현실 모의 실험을 했다. 실험 참가자들은 단 몇 분간만 가상현실 환

가상현실의 몰입감 높은 경험은 사람들의 행동을 변화시켜 심리적 문제를 해결하는 데 도움을 준다.

각과 환청을 경험했지만, 조현병 환자에 대해 더 잘 공감하게 됐다.

2013년 미국 조지아 Georgia 대학교의 그레이스 안 Grace Ahn은 다른 장애를 위와 같은 방법으로 실험했다. 실험 참가자들은 가상현실 속에서 적록 색맹 아바타가 되어 시간을 보냈다. 실험 뒤, 참가자들은 색맹 환자들이 일상생활에서 어떤 어려움을 겪는지 더 잘 공감하게 됐다고 응답했다. 실험 참가자 대부분이 자신의 공감 능력을 낮게 평가했다는 점에서도 이 같은 실험 결과는 큰 의미가 있다.

실제 조현병 환자들에게도 가상현실의 힘은 막강했다. 2014년 미국 노스웨스턴 Northwestern 대학교의 매슈 스미스 Matthew Smith가 이끈 실험에서 조현병 또는 양극성 장애 구직자들은 가상현실 모의 실험을 통해 면접 과정을 미리 경험했다. 실제 면접에서 겪을 수 있는 어려움과 이에 대한 조언을 함께 학습한 참가자들은 실제 면접 과정에서 향상된 결과를 보였다.

가상현실 모의 실험은 외상 후 스트레스 장애에 시달리는 퇴역 군인들에게도 도움의 손길을 내밀었다. 미국 서던 캘리포니아 Southern California 대학교 앨버트 스킵 리조 Albert Skip Rizzo가 이끄는 연구단은 퇴역 군인이 마음의 병을 얻은 장소로 다시 돌아가 상처를 치료하고 극복하도록 한창

전쟁으로 인한 마음의 상처는 쉽사리 낫지 않는다.

전쟁 중인 이라크와 아프가니스탄의 거리를 가상현실로 재현했다. 2010년에 연구 결과에 따르면, 참여자 20명 중 16명이 치료에 성공했다.

과학자들에게 믿음과 신뢰를 보낸다면, 언젠가 우리 손에 신체 마비 증상을 완화하는 가상현실 프로그램도 쥐어질지 모르겠다. 마비 환자는 가상현실 속에서 아바타를 조정하며 뇌가 몸을 움직이도록 훈련한다. 이러한 훈련은 실제 마비 치료에 도움을 주리라. 앞에서도 이야기했듯이, 현재 가상현실 기술에 가장 큰 관심을 보이는 영역은 게임 산업이다. 어떤 사람도 이 기술이 게임의 미래를 바꾸리라는 전망을 의심하지 않을 것이다. 그러나 상업적인 목적 외에도, 가상현실 기술은 분명히 우리의 삶을 바꾸는 큰 울림을 줄 것이다. 가상현실이 혁명적으로 바꿔놓을 미래의 삶이 벌써 기대된다.

2016년, 애플이 아이폰 7을 출시했다. 새로운 카메라와 향상된 배터리 용량, 그리고 방수 기능도 선보였다. 하지만 사람들을 놀라게 한 건 따로 있었다. 도대체 이어폰 플러그를 어디에 꽂아야 할까? 눈을 씻고 찾아봐도 오디오 잭이 보이지 않았다. 이제 더 이상 아이폰으로 음악을 들을 수 없게 된 것일까? 당연히 그럴 리가 없다. 며칠 지나지 않아, 언론에서 아이폰에서 사라진 지름 3.5밀리미터짜리 오디오 잭은 시작일 뿐이고 이제 모든 전자 기기가 연결단자 없이 이어폰 같은 외장 기기를 연결하는 시대가 올 것이라며 호들갑스럽게 떠들어댔다.

길고 자랑스러운 오디오 잭의 역사를 이야기하려면 먼저 전화기의 역사부터 알아야 한다. 전화기는 1876년 등장하자마자 그야말로 엄청난 인기를 끌었다. 웬만큼 산다 하는 집들은 앞다퉈 전화기를 들여놓았다. 그런데 초창기 전화기는 마치 실 전화기처럼 한 쌍을 나눠 가진 상대방하고만 대화할 수 있었다. 여럿과 통화하려면 여러 대의 전화기가 필요했던 셈이다. 사람들은 이내 하나의 전화기로 여기저기 말 걸기를 원했고, 최초로 전화기를 발명했다고 알려진 알렉산더 그레이엄 벨Alexander Graham Bell이 이 요구에 응답했다.

1878년 벨 전화 회사는 교환원이 전화를 받고 원하는 상대에게 다시 연결해주는 전화 교환대를 선보였다. 실 전화기의 실을 싹둑 잘라 원하는 사람과 다시 묶어주는 방식이었다. 이 전화 교환대에 줄지어 박혀 있던 것이 바로 6.35밀리미터 오디오 잭이다. 교환원들

오디오 잭은 19세기 전화 교환대에서 처음 찾아볼 수 있다.

은 오디오 잭에 전화선을 꽂아 쉽고, 빠르고, 안전하게 전화를 이어주었다. 그 후 140년 동안, 기술이 빠르게 발전하며 전화기의 모습은 싹 바뀌었지만, 오디오 잭만큼은 큰 변화 없이 그 모습을 지켜왔다. 달라진 부분이 있다면, 오디오 잭에 꽂는 플러그 끝이 약간 뾰족해졌다는 정도였다. 아, 플러그 마디마디의 플라스틱 절연 띠에도 변화가 있기는 했다. 초기 플러그에는 하나였던 절연 띠가 늘어나서 이제는 2개, 3개, 아니면 더 많을 때도 있다. 크기도 줄어들어 지금은 3.5밀리미터 오디오 잭이 가장 일반적으로 사용된다.

오디오 잭의 모습은 왜 변했을까? 20세기에 등장한 두 가지 새로운 변화에 발맞추기 위해서였다. 첫 번째 변화는 휴대용 라디오의 등장이다. 라디오의 크기가 작아지자 이에 맞춰 오디오 잭의 크기도 작아져야 했다. 여전히 6.35밀리미터 크기를 고집하는 사람들도 있기는 하지만 말이다. 예를 들어, 음악을 만드는 사람들은 여전히 6.35밀리미터 잭을 선호한다. 두 번째 변화는 입체음향 녹음 기술의 발달이다. 헤드폰 같은 스피커는 오른쪽과 왼쪽에서 똑같은 소리가 나오는 단일 음향 방식에서 서로 다른 소리가 나오는 입체 음향 방식으로 진화했고, 오디오 잭도 이 변화에 발맞춰야만 했다. 이때 플러그에 플라스틱 절연 띠를 추가하는 간단한 방법으로 왼쪽과 오른쪽 소리를 분리해냈다. 이후 오디오 플러그에는 절연 띠가 하나 더 늘어났다. 휴대폰 사용자들이 통화할

아이폰 7은 다양한 기능을 추가하고 오디오 잭을 지워버렸다.

아이폰을 시작으로 오디오 잭은 영영 사라져버리는 걸까?

때도 손이 자유롭기를 원했기 때문이다. 제조사들은 절연 띠를 하나 더 늘려 이어폰에 마이크로폰 기능까지 추가했다.

오디오 잭은 시대에 맞춰 앞으로도 계속 발전할 것처럼 보였다. 하지만 스마트폰의 발전으로 인해 앞으로는 역사 공부를 할 때나 오디오 잭을 볼 수 있을지도 모른다. 스마트폰은 디지털 카메라, 인터넷 브라우저, 이메일 수신기, 위성통신 기기, 게임 콘솔 등 여러 역할을 두루 해낸다. 하나의 기계로 다양한 기능을 구현해내는 것이다. 가히 21세기의 대표 전자 기기라고 할 만하다. 이 대단한 물건을 처음 선보인 애플Apple은 무엇이든 두루 해내는 멀티 플레이어로 길러내기 위해 고민하다 오디오 잭에 주목했다. 왜 충전 잭과 오디오 잭을 따로 만들어야 하는가? 만능 잭 하나면 충분한데! 그렇게 오디오 잭은 사라졌다. 사람들은 넉넉잡아 10년 뒤엔 3.5밀리미터 오디오 잭이 표준 헤드폰 커넥터의 자리를 내어줄 것이라 예측한다. 전화기로 인해 탄생한 오디오 잭이 21세기 전화기의 대표 격인 스마트폰으로 인해 사라질 위기에 처했다니. 생각할수록 재미있다.

2016년 8월, 포드는 2021년부터 새롭게 생산될 자동차의 모습을 구체적으로 발표했다. 카메라, 전파로 거리를 측정하는 레이더, 레이저로 거리를 측정하는 라이다, 그리고 복잡한 정보를 한꺼번에 처리하는 인공지능을 두루 갖춘 최첨단 자동차였다. 하지만 신문 머리기사 자리를 꿰찬 것은 새로운 자동차에 무엇을 더했는지가 아니라 무엇을 뺐는지였다. 포드의 자동차에는 액셀러레이터, 클러치, 브레이크 페달, 그리고 운전대가 빠져 있었다. 운전자 없이 스스로 움직이는 자율주행자동차가 드디어 본격적으로 등장한 것이다.

많은 사람이 아직 자율주행자동차의 시대가 열리지 않았다고 생각하지만, 오스트리아 한 외딴곳에서는 벌써 10여 년 전부터 광산업체가 캐낸 수백만 톤의 광물을 사람 없이 자율주행하는 트럭이 알아서 운반 중이다. 우리가 인식하지 못하고 있을 뿐, 자율주행자동차의 시대는 이미 시작된 셈이다. 물론 인적 드문 시골에서 스스로 움직이는 트럭과 분주한 도시에서 움직이는 자율주행자동차 사이에는 하늘과 땅 만큼의 차이가 있다. 자율주행자동차가 정말 안전한지 사람들이 걱정하는 것도 당연하다. 인공지능 시스템이 운전대를 조정해도 괜찮을 걸까? 포드Ford의 새로운 자동차처럼 아예 운전대까지 없애는 게 과연 잘하는 짓일까?

유명 자동차 회사인 볼보Volvo의 답은 이렇다. 사람들이 아직 잘 모를 뿐 이미 인공지능 시스템 적용 장치가 운전자의 안전을 책임

많은 사람이 자율주행자동차의 상용화를 손꼽아 기다린다.

지고 있다고. 볼보는 2020년 선보일 인공지능 자율주행자동차라면 사고로 인한 치명적인 부상이나 사망을 걱정할 필요가 없다고 덧붙이기까지 했다. 볼보는 이미 장애물과의 거리를 가늠하는 라이다 기능을 더해 운전 속도와 차량 간의 안전거리를 자율 조절함으로써 자동차의 속도를 일정하게 유지하는 크루즈 컨트롤 기능을 더욱 안전하게 개량한 바 있다. 심지어 볼보의 새로운 자동차는 운전자가 차선을 벗어나면 경고음을 울려 이를 알리는 기능까지 갖췄다.

2014년 발표한 바에 따르면, 볼보는 계기판에 센서를 장착해 운전자가 졸린지 아닌지를 알아내는 연구도 진행하고 있다. 센서는 운전자의 눈이 열린 정도와 고개를 끄덕이는 정도를 측정해 졸음 여부를 판단한다. 운전자가 졸거나 잠시 한눈판 사이에 자동차가 스스로 운전해 사고를 방지하는 기능도 이미 있으니 안전을 걱정할 필요는 거의 없어 보인다. 만약 이렇게 자동차가 자기 힘으로 안전하게 운전한다면 운전자가 휴대폰을 사용하는 것도 괜찮을까?

미국의 한 설문 조사를 보면, 운전자의 절반 이상이 운전하며 휴대폰을 사용한 경험이 있다. 운전 중 휴대폰 사용으로 인해 크게 다치거나 목숨을 잃는 사람도 매년 수천 명에 달하는 데도 말이다. 꽉 막힌 도로에서 거북이처럼 느릿느릿 움직일지라도 운전하다 말고 교차로에서 휴대폰을

구글 또한 자율주행자동차 기술 경쟁에 뛰어들었다.

들여다보는 짓은 매우 위험하다. 이에 대한 기술적 해결책은 다음과 같다. 차선 변경이나 유턴할 때처럼 운전자의 주의가 필요할 때는 걸려오는 전화를 즉각 차단하는 시스템을 마련하는 것이다. 이 기술은 이미 수없이 많은 사람을 사고로부터 구했다

　자율주행자동차의 안전성에 대해 여전히 불신의 눈초리를 보내는 사람들도 있다. 이들은 지금까지 설명한 모든 기술이 운전자가 안전하게 운전하도록 도울 뿐이라며 자동차가 스스로 운전하는 기술은 다른 차원의 문제라고 주장한다. 이들의 불신에 불을 지핀 몇몇 사건 중 가장 유명한 것은 2016년 5월 일어난 교통사고다. '오토파일럿' 모드로 주행하던 테슬라 모델 S 자동차의 운전자가 사망한 이 사건은 자율주행자동차 기술이 아직 미완성임을 보여준 첫 사례다. 그렇지만 스마트폰 같은 휴대기기 기술의 얼마나 빠르게 발전하고, 정교해지고 있는지 보라. 자율주행자동차도 다른 기술들과 마찬가지로 우리의 생각보다 훨씬 빠르게 발전하고, 정교해지고 있다. 오래 지나지 않아 우리는 자동차에서 다리 쭉 뻗고 누워, 손가락 하나로 무엇이든 할 수 있게 될 것이다. 스마트폰을 손에 들고 말이다. 기술이 가져온 변화를 온몸으로 체험하는 그날이 벌써 기대된다.

2 지구과학

굶으면 죽는다는 사실은 상식이다. 이 상식에 따르면, 우리의 몸은 곧 우리가 먹은 음식이라고 할 수 있다. 그 음식들의 영양분이 우리 몸에 녹아들어 다 피가 되고 살이 된 것이니 말이다. 하지만 모든 음식이 우리의 생명활동에 도움만 주는 것은 아니다. 고칼로리 음식을 지나치게 많이 먹으면 살이 찌고, 결국은 건강을 해치지 않는가? 그런데 어떤 생명들에게 특정 음식은 단순히 많이 먹으면 비만이 되고, 건강을 해치는 수준이 아니라 아예 생명 자체를 위협하기도 한다. 그 덕분에 농부들의 영원한 골칫거리인 해충을 없애는 방법도 획기적으로 싹 바뀌었다.

유전정보의 매개체 데옥시리보핵산 deoxyribonucleic acid, 즉 DNA 는 생체분자 세계의 인기 아이돌이다. DNA의 그림자에 가려 잘 보이지 않기는 하지만 리보핵산 ribonucleic acid, 즉 RNA도 유전정보를 전달한다. DNA와 RNA를 이해하기 위해 우리 몸속의 세포를 단백질 공장이라고 가정해보자. 이때 DNA는 유전정보, 그러니까 단백질 설계도를 보관하는 도서관이고, RNA의 한 종류인 '전령' RNA mRNA (Messenger RNA)는 도서관에 있는 설계도를 꺼내어 공장에 있는 작업대로 가져다 나르는 전달자다. 세포는 전령 RNA가 가져온 유전정보를 읽고 단백질을 합성한다.

그런데 우리는 절대 볼 수 없는 아주 작은 바이러스 가운데 어떤 것들은 DNA가 아니라 RNA에 유전정보를 저장하기도 한다. 이 바이러스에게 DNA가 아닌 RNA가 설계도를 저장하는 도서관인 셈

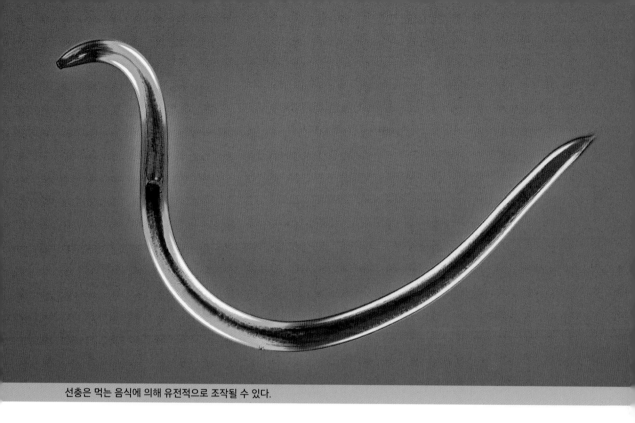

선충은 먹는 음식에 의해 유전적으로 조작될 수 있다.

이다. 이 같은 바이러스를 RNA 바이러스라고 부른다. 감기, 사스, 홍역, 그리고 에볼라 바이러스 모두 RNA 바이러스다.

RNA 바이러스는 동물의 세포로 침입해 공격한다. 당하고 있을 수만은 없으니 동물 세포도 맞서 싸워야만 한다. 그래서 진화의 초기 단계에 동물의 몸은 부랴부랴 면역 체계부터 갖췄다. RNA 수치가 갑자기 올라가면 RNA를 공격하는 방식으로 말이다. 동물세포도 RNA를 가지고 있는데 거기에 또 RNA 바이러스가 침입하면 RNA 수치가 확 높아지지 않겠는가? 다만 여기에는 문제가 하나 있었다. 만든 지 얼마 안 된 따끈따끈한 면역 체계가 가끔 자신의 RNA와 바이러스의 RNA를 구분하지 못하고 마구잡이로 공격했던 것이다. 말 그대로 제 살 깎아 먹기였다.

이것은 생각보다 훨씬 큰 문제. 면역 체계가 세포 자신의 전령 RNA를 공격한다는 사실은 곧 DNA 도서관에서 설계도를 가져다주는 전달자를 공격해 없애버린다는 뜻이다. 설계도가 없으면, 공장의 생산 설비는 멈춰버리고 이내 세포도 이상해져버린다. 과학자들이 'RNA 간섭'RNAi (RNA interference)이라고 부르는 현상이 일어나는 것이다. RNA 간섭을 연구하던 생물학자들은 얼마 지나지 않아 이론적으로 음식이 동물 세포를 이상하게 만들 수 있다는 사실을 알아차렸다.

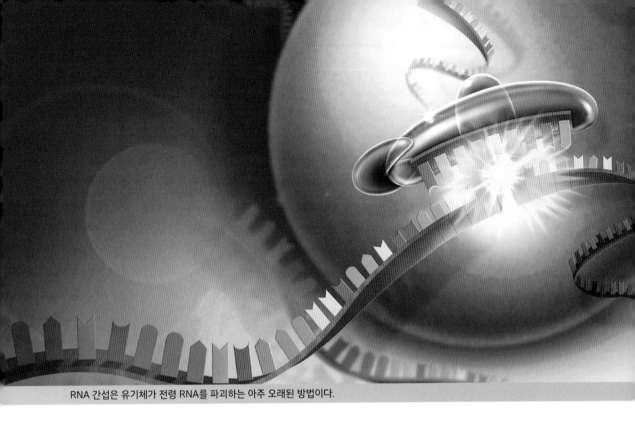

RNA 간섭은 유기체가 전령 RNA를 파괴하는 아주 오래된 방법이다.

어째서 그렇게 되는 걸까? 하나씩 따져보자. 동물은 음식을 먹고 영양소를 흡수한다. 이때 자신의 전령 RNA처럼 생긴 RNA가 세포 안으로 들어오면, 면역 체계는 갑자기 늘어난 RNA를 바이러스라고 생각하고 인정사정없이 파괴할 것이다. 똑같이 생긴 자신의 전령 RNA도 예외 없이 말이다. 그저 음식을 먹었을 뿐인데, 세포가 비정상적으로 움직이다 결국 죽음에 이르는 것이다.

1998년 이를 처음 밝혀낸 건 당시 카네기 Carnegie 연구소의 연구원이었던 리사 티몬스 Lisa Timmons와 앤드루 파이어 Andrew Fire였다. 이들은 유전적으로 똑같은 RNA가 들어 있는 음식을 먹으면 세포가 이상해진다는 사실을 증명하고 싶었다. 이에 우선 먹이가 될 박테리아의 유전자를 조작해 실험 대상이었던 아주 작은 벌레의 RNA와 아주 똑 닮은 RNA를 갖게끔 했다. 그다음 벌레가 박테리아를 잡아먹게끔 그냥 놔두었다. 맛있게 박테리아를 먹고 난 뒤, 벌레는 온몸을 비틀며 꿈틀거리기 시작했다. 세포가 이상해졌다는 신호였다.

이어서 다른 연구자가 해충의 전령 RNA와 똑같은 RNA가 들어 있는 유전자 조작 농산물을 만들어냈다. 작물을 갉아 먹은 해충은 세포에 이상이 생겨 죽어버렸다. 이 유전자 조작 농산물의 가장 좋은 점은 곤충의 생물 다양성을 잘 보존하면서 해충만 쏙쏙 골라서 없앤다는 점이었다. 작물을 갉아 먹지 않는 다른 곤충에게는 아무런 해를 입히지 않는 덕이었다. 이 같은 이유로 농업 생물공학 기업인 몬산토 Monsanto는 당분간 농부들이 유전자 조작 옥수수를 선택하길 바라며 다른 기업들도 RNA 간섭을 이용한 살충제 개발에 열을 올리고 있다.

걱정스러운 점이 아예 없지는 않다. 유전자 조작 농산물이 인간의 DNA에는 아무런 해를 끼치지 않는 걸까? 다행히 여러 과학자가 그런 걱정은 할 필요 없다고 말한다. 많은 연구에 따르면, RNA 간섭은 벌레나 곤충과 같이 단순한 동물에게나 위협적이다. 포유동물같이 복잡한 동물의 유전자에까지 치명적인 해를 입힐 수 있다는 설득력 있는 증거는 아직 찾아보기 어렵다. 그렇다고 해도 RNA 간섭이 동물 세계에 존재한다는 것만은 다시 한 번 생각해볼 만한 문제다.

**다음 대멸종의 원인은
지구 온난화일 거라고?**

진화는 생존 경쟁에서 살아남은 생명체의 발자취다. 아주 오래전, 아마도 30억 년 전부터 20억 년 전 사이에 지구에 살던 생명체들은 커다란 변화의 순간을 맞이했다. 광합성을 하는 박테리아가 나타났고, 생물들이 산소를 마구 내뿜기 시작했다. 공기 중 산소의 양이 늘어나면서 드디어 동물이나 인간과 같은 복잡한 생명체가 등장할 준비를 마쳤다. 하지만 우리처럼 산소로 호흡하는 생명체와 달리 산소가 전혀 필요 없는 '혐기성' 생명체들에게 산소는 오히려 독이었다. 이로 인해 수십억 년 전 지구에 살던 미생물은 대부분 멸종했다.

20세기 후반, 가이아Gaia 가설은 많은 과학자의 지지를 얻었다. 생물과 무생물이 영향을 주고받으며 생명이 살기 좋은 환경으로 가꾸어나간다는 가설이었다. 이 가설은 대기가 활발하게 움직이는 지구와 달리 화성의 대기가 얇고 좀처럼 움직이지 않는데다가 땅도 메마르고 먼지만 날리는 이유를 잘 설명했다. 추측컨대, 화성에 생명이 없기 때문에 생명이 살 수 없는 환경이라는 것이었다.

하지만 콧방귀를 꾸며 가이아 가설을 반박하는 과학자들도 있다. 2009년 미국 워싱턴Washington 대학교 피터 워드Peter Ward는 정반대 이론을 주장했다. 지구의 역사 전체를 멀리서 보면 가이아 이론이 맞는 것처럼 보이지만, 가까이 들여다보면 군데군데 산소 대재앙처럼 생물 종 대부분을 멸종시키는 사건들이 있었다는 것이었다. '산소 대재앙'Great Oxygenation Event은 산소가 갑작스럽게 급증하

어떤 생물의 활동은 다른 생물 종을 멸종시키고 지구가 황폐하게 할지도 모른다.

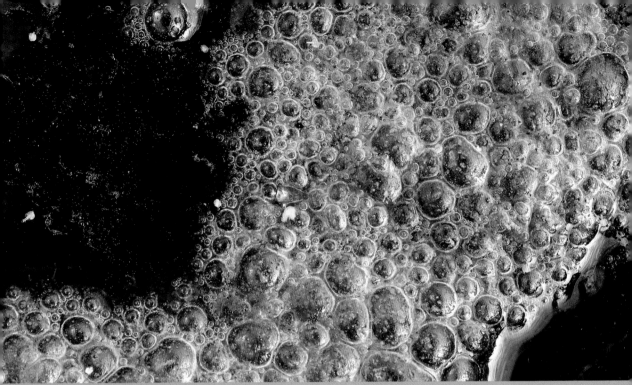

남세균은 '유독한' 산소를 내뿜는다.

면서 당시 지구 생명체의 대부분이었던 혐기성 미생물이 멸종한 사건을 가리킨다. 생명체의 놀라운 능력이 오히려 생명체 자신의 목을 옥죄어버린 대표 예랄까.

과학자들의 짐작에 따르면 지난 5억 년간 지구 생명체들은 다섯 번의 대멸종과 여러 번의 소소한 멸종을 경험했다. 대부분 엄청난 규모의 화산 폭발과 시기가 겹쳤다. 화산은 폭발하며 이산화탄소를 내뿜었고, 이에 따라 지구는 뜨거워졌으며, 지구가 뜨거워지면서 -생명은 살기 힘들어졌다. 그렇다면 대멸종의 원인은 화산 폭발일까? 워드는 화산이 폭발한 바로 그때가 아니라, 시간이 조금 흐른 뒤에 생명체가 멸종하기 시작했다는 점에 주목했다.

화산 폭발 후 극지방이 열대지방만큼 더워지면서, 바닷물은 흐름이 조금씩 느려져 마치 커다란 웅덩이처럼 되었다. 그렇게 되면 바닷속 깊숙한 곳에는 산소를 공급할 수 없게 된다. 바닷속에 살고 있던 당시의 모든 생명체 중 깊은 곳에 머물던 생명체는 대부분 숨이 막혀 죽을 수밖에 없었고, 산소로 호흡하지 않는 혐기성 생명체만이 살아남아 독성 강한 황화수소를 내뿜었다. 산소 농도가 옅어지고 황화수소의 농도가 짙어지면서 바닷속 깊은 곳이 아니어도 산소로 호흡하는 생물들은 계속 죽어갔다. 가이아 가설과 반대되는 가설인 셈이다.

가이아 이론에 따르면 지구 온난화 같은 환경 문제도 생물의 활동으로 인해 해결된다. 그러니까 대부분 생명체가 다시 살기 좋은 환경을 되찾는다고 보는 셈이다. 하지만 실제로는 생명체가 활동하며 다른 생명체에게 안 좋게 환경을 더 악화시켰을 수도 있다. 이런 상황을 워드는 '메데이아Medea 가설'이라 부른다. 고대 그리스에서 대지의 여신이자 모든 생명을 돌보는 어머니였던 가이아와 달리 메데이아는 그리스의 신화 속에서 자식을 죽인 비정한 어머니였다.

어쩌면 멀지 않은 미래, 메데이아가 또다시 나타날지도 모른다. 지구의 온도가 가파르게 상승하고 있고, 극지방이 특히 빠르게 더워지고 있다. 해류가 약해지고 바닷물의 흐름이 멈추면 혐기성 미생물이 유독한 황화수소를 내뿜기 딱 좋은 조건이 만들어진다. 인류의 문명이 고작 박테리아 때문에 무너져내릴지도 모른다고 생각하니 벌써부터 오싹하다.

2억 5천만 년 전의 화산 폭발이 암을 일으킨다고?

지구상에는 최소한 11차례의 생물종 멸종이 있었다. 그중 가장 크게 멸종한 다섯 차례를 '대멸종'이라고 부르는데, 6600만 년 전 지구를 지배하던 공룡이 모두 사라진 것도 5차 대멸종 때였다. 2억 5천만 년 전에도 커다란 재난이 지구의 동식물의 삶을 송두리째 흔들었다. 당시 생물 종의 90%가 한순간에 사라졌다. 지난 5억 년을 통틀어 가장 큰 규모의 대멸종이었다. 그리고 2009년, 지질학자들은 2억 5천만 년 전의 대멸종이 여전히 우리의 목숨을 노리고 있다는 놀라운 사실이 소식을 발표했다.

중국 윈난성 쉬안웨이 시는 유독 폐암 발생률이 높다. 중국의 다른 지역과 비교해봐도 20배 이상 높고, 흡연자와 비흡연자 사이 발병률 차이도 크지 않다. 뭐가 문제인 걸까? 과학자들은 석탄에 주목했다. 쉬안웨이 시에서는 음식 조리와 난방을 위해 주로 석탄을 사용하는데, 석탄은 연소할 때 PAH Polycyclic Aromatic Hydrocarbon(다환방향족탄화수소)라는 강한 발암물질을 뿜어낸다. 하지만 PAH만 탓할 수는 없다. 중국 어디에서나 석탄을 이용해 밥을 짓고 방을 덥히는데, 쉬안웨이 시를 제외한 다른 지역에서는 폐암 발병률이 오히려 낮은 까닭이다. 쉬안웨이 시에서 나는 석탄에 무슨 특별한 문제라도 있는 걸까?

영국 노팅엄 Nottingham 대학교의 데이비드 라지 David Large 연구단은 확실히 특별한 문제가 있다고 주장했다. 쉬안웨이 시에서 캐는

키가 2미터에 달하던 공룡 디노고르곤(Dinogorgon) 역시 페름기 대멸종 시기에 자취를 감췄다.

석탄에 유독 이산화규소, 그러니까 실리카silicon dioxide(입자가 고운 모래)가 많고, 중국에서 사용되는 석탄 가운데 유일하게 2억 5천만 년 전, 페름기 대멸종end-Permian mass extinction 시기에 만들어졌다는 이유에서였다. 라지 연구단은 이 두 사실이 서로 연결돼 있다고 보았다.

　페름기 대멸종의 직접 원인은 아직 아무도 모르지만, 다들 화산 폭발이 무언가 단단히 역할을 했으리라 짐작한다. 대멸종 시기에 하필이면 거대한 화산이 폭발하고 시베리아 대륙에 뜨거운 용암이 뒤덮였다? 우연의 일치라고만 보기 어려운 것이 사실이다. 라지 연구단은 용암이 뿜어내는 엄청난 양의 화산가스가 빗물에 녹아 산성비로 변했으며, 조금씩 기반암을 깎아내렸을 것이라고 추측했다. 오늘날 산성비가 내리면 돌로 만든 건물들이 조금씩 깎이는 것처럼 말이다. 2억 5천만 년 전 하늘에서 내린 시큼한 빗줄기는 기반암을 자잘한 돌 알갱이, 즉 실리카로 만들었고 실리카는 빗물과 함께 땅 위를 흘러 다녔다.

　물은 흘러 흘러 지대가 낮은 쉬안웨이 시로 모였다. 당시 쉬안웨이 시는 습기가 가득한 울창한

화산이 폭발하면서 인간에게 비정상적으로 해로운 석탄을 만들어냈을 가능성도 존재한다.

나무숲이었다. 이런 숲에서는 토탄이 만들어지기 쉽다. 토탄은 식물이 축축한 땅속에 묻혀 만들어지는 완전히 탄화하지 못한 석탄이다. 2억 5천만 년 전 이 지역의 토탄에 실리카가 가득 섞인 물이 흘러들어왔고, 이 토탄은 시간이 흘러 석탄이 됐다. 쉬안웨이 시의 석탄에 실리카가 많이 섞인 건 바로 이 때문이다. 쉬안웨이 시의 석탄을 태우면, 하늘 위로 실리카가 날아간다. 라지 연구단은 이 실리카가 여러 명의 목숨을 앗아간 유독물질이 아닐까 의심했다.

실리카는 그 자체로 발암물질이다. 세계 보건 기구 WHO World Health Organization 산하 기구인 국제 암 연구소 International Agency for Research on Cancer가 실리카를 발암물질로 지정했다. 엎친 데 덮

친 격으로, 실리카는 자신과 같은 발암물질인 PAH가 인간의 폐까지 더 잘 이동하게끔 돕는다. PAH의 위험성이 한층 더 커지게끔 돕는 물질인 셈이다. 물론 석탄의 다른 위험한 화학물질도 얼마든지 원인이 될 수 있다. 아직은 실리카가 얼마만큼 위험한지 좀 더 자세한 조사가 필요하다. 실리카가 쉬안웨이 시의 높은 폐암 발생률의 원인이라고 모든 과학자가 믿는 것은 아니라는 말이다. 그럼에도 불구하고 라지 연구단의 가설은 꽤 그럴싸하게 들린다. 누군들 상상이나 했을까? 무려 2억 5천만 년 전 일어난 화산 폭발이 여전히 우리의 삶을 위협하고 있을지도 모른다는 것을?

얼음 감옥에 갇혀 있던 살인마가 부활할 거라고?

2014년, 오랫동안 잠든 채 모습을 감췄던 바이러스가 다시 모습을 드러냈다. 길이가 무려 1.5미크론(밀리미터의 천 분의 1)으로, 바이러스치고는 아주 거대했다. 이 바이러스는 크기만이 아니라 발견 장소도 놀라웠다. 3만 년 동안이나 영구동토층에 고이 잠들어 있다가 부활한 것이다. 과학자들은 이 바이러스에게 피토 바이러스라고 이름을 붙였다. 피토 바이러스는 다행히 인간에게는 해가 없지만, 얼어붙은 땅속에서 앞으로 또 무엇이 발견될지 아무도 모른다. 지구의 자연 냉동고가 녹아내리면 어떤 것들이 또 튀어나올까?

인류는 먹고 자고 활동하며 기후를 변화시킨다. 그로 인해 지구의 온도는 거듭거듭 높아지고, 남극과 북극과 높은 산 위에 켜켜이 쌓여 있던 두꺼운 얼음도 녹아내리고 있다. 이 영구동토층이 녹기 시작하면서, 아주 오래된 옛날 옛적 것들이 하나둘씩 모습을 드러냈다.

사람들의 관심을 가장 많이 받은 것은 5천 년 된 '얼음 인간' 외치Ötzi였다. 1991년 알프스산맥에서 발견된 외치는 문신, 충치, 장내 기생충까지 고스란히 남아 있는 채였다. 사람들은 이 시체가 누구이며 어떻게 죽었는지 궁금해했다. 연구 결과, 과학자들은 이 얼음 인간이 살해됐음을 밝혀냈지만 살인범을 처벌할 수는 없었다. 이미 5천 년 전에 죽었을 테니까 말이다. 대신 고고학자들이 와치라는 창문을 통해 동기시대Copper Age 유럽을 떠돌던 유목인 생활을

지구의 빙하와 영구동토층이 자꾸만 녹아내리고 있다.

얼음 인간 외치는 고대 유럽인의 비밀을 살짝 드러냈다.

엿볼 수 있었다.

얼음 감옥에 갇힌 생명체는 외치만이 아니었다. 2013년에는 빙하시대에 사라진 포유동물도 나타났다. 시베리아에서 4만 년 전 멸종한 매머드의 시체가 거의 완벽하게 모습을 유지한 채 등장한 것이다. 믿을 수 없는 일이지만, 매머드의 시체에서는 굳지 않은 피가 뚝뚝 떨어지기까지 했다. 고기가 어찌나 신선해 보이는지 한입 뜯어 먹고 싶다며 농담하는 과학자도 있었다.

떡 본 김에 제사 지낸다고, 잘 보존된 매머드의 사체를 발견하자 과학자들은 원시시대의 상징을 현대에 다시 살려내겠다는 의지를 내비쳤다. 아직도 충분히 유전물질이 남아 있다는 확신 덕분에 가능한 일이었다. 2015년에는 하버드 Harvard 대학교의 유전학자 조지 처치 George Church가 털이 길고 귀가 비교적 작은 매머드의 유전자를 아시아코끼리의 피부 세포에 이어 붙이려 한다는 소식이 들려왔다. 다시 매머드의 모습을 보기까지는 한참 시간이 걸리겠지만, 어쩌면 조만간 살아 움직이는 매머드를 볼 수 있게 될지도 모른다. 멸종이라는 단어의 뜻이 무색해지는 순간이 다가

2013년 시베리아에서 4만 년 된 매머드 버터컵을 발견했다.

오고 있는 셈이다.

시베리아 영구동토층에서는 3만 년 전 폴짝폴짝 뛰어다니던 다람쥐가 몰래 숨겨둔 씨앗도 발견됐다. 2012년 러시아 과학 아카데미의 연구원, 다비드 길리친스키David Gilichinsky는 이 씨앗에서 꽃을 피워냈다. 하지만 얼었던 씨앗이 싹을 틔운 것이 아니라 씨앗에서 조직을 채취해 싹을 틔웠기 때문에, 고대의 생명체가 끈질기게 살아남아서 다시 활동을 시작한 것으로 보기는 어렵다.

반면, 2014년에 발견된 피토Pitno 바이러스가 아주 오래된 것임은 의심할 여지가 없다. 이 특별한 빙하시대 생존자는 시베리아 흙 표본에서 발견됐는데, 말도 안 되게 긴 시간 동안 빙하에 갇혀 있었음에도 세상으로 튀어나오자마자 다시 활발하게 활동했다. 프랑스 엑스-마르세유Aix-Marseile 대학교의 장-미셸 클라베리Jean-Michel Claverie 연구단의 발표에 따르면 커다란 바이러스는 종종 숙주로 삼기 위해 아메바를 공격하는데 발견된 피토 바이러스에게는 여전히 아메바를 공격하고 번식할 힘이 있다고 한다.

클라베리 연구단 가운데 누군가는 영구동토층에 피토 바이러스와 달리 사람에게 해로운 바이러스가 고스란히 생명력을 유지한 채 묻혀 있을지도 모른다고 전했다. 어쩌면 바이러스보다 더 무시무시한 것들이 얼음 속에 갇혀 있을지도 모른다. 예를 들어, 영구동토층에는 어마어마한 양의 탄소가 묶여 있다. 지금은 빙하에 발이 잡혀 있지만 얼음이 녹아내리면 탄소는 이산화탄소와 메탄이 되어 공기 중으로 풀려날 테고, 강력한 온실가스인 이산화탄소와 메탄이 풀려나면 지구를 더 뜨겁게 만들 것이다. 그러면 또 영구동토층이 녹아내리고, 다시 온실가스가 풀려난다. 꼬리에 꼬리를 물고 계속해서 지구가 더워진다. 이런 악순환의 고리가 어떤 결과를 가져올까? 지구의 냉동고가 녹아내리며 지구가 점점 더 더워지고 다시 지구의 냉동고가 더 빨리 녹아내리는 불길한 뫼비우스의 띠를 하염없이 돌게 되는 건 혹시 아닐지 걱정이다.

1816년에는 여름이 없었다. 직전 해 인도네시아에서 폭발한 화산으로 인해 어마어마한 화산재가 공기 중 떠다니는 햇빛을 가린 탓이었다. 기온은 평균의 절반 수준으로 뚝 떨어졌고, 농작물은 여물지 못해 시들어갔다. 결국 흉년이 들었고, 유럽 전체가 굶주림과 폭력에 시달렸다. 당시 유럽 사람들에게는 정말 끔찍한 한 해였을 것이다. 그 덕에 우리는 강력한 화산 폭발이 지구의 환경과 기후를 어떻게 바꾸는지 잘 알게 되었지만 말이다. 그런데 하루가 다르게 더워지는 지구를 보며, 과학자들은 이때를 떠올리고 이상한 생각을 하기 시작했다.

지구는 빠른 속도로 뜨거워져 간다. 2014년은 인류가 기록을 시작한 이후로 가장 뜨거운 해였고, 2015년에 그 기록을 갈아치웠다. 아마도 이 기록은 앞으로 계속 경신될 것이다. 모든 지구인을 사이좋게 한여름 꼬치구이로 만들고 싶은 게 아니라면 이제라도 세계 지도자들이 한데 모여 지구 온난화 문제를 해결해야 하지 않을까 싶은데, 어쩐지 그럴 조짐이 보이지 않는다.

세계 정상들이 플랜 A를 마련해준다면 제일 좋겠지만, 그렇지 못한다면 우리끼리 플랜 B라도 마련해야 한다. 자꾸만 뜨거워지는 지구를 식히기 위해 주먹구구든 임시방편이든 어떤 방법이라도 활용해야 한다는 말이다. 그렇다면 플랜 B로 '지구공학'geoengineering적인 방법은 어떨까? 지구공학은 인위적으로 환경을 변화시켜서라도 지구 온난화와 기후 변화의 속도를 늦추려는 노력의 하나다. 어떻

대규모 화산 폭발은 엄청난 양의 먼지를 하늘로 쏘아 보낸다.

게 환경을 변화시키느냐고? 바다에 사는 식물성 플랑크톤을 증식시켜 공기 중에 떠다니는 이산
화탄소를 흡수하게 만드는 방법이 있다. 플랑크톤은 죽으면서 바다 밑바닥으로 가라앉는 성질이
있으므로 지구 온난화를 유발하는 각종 가스를 말 그대로 바닷속 깊은 곳에 수장하는 셈이다.

플랑크톤은 가만히 둬도 잘 자라지만, 바다에 철을 뿌리면 논에 거름을 뿌린 것처럼 더 잘 자
란다. 플랑크톤이 철분을 먹고 자라기 때문이다. 하지만 어떤 사람들은 아무리 플랑크톤을 키우
기 위해서라지만, 일부러 바다에 쇳가루를 뿌리는 일이 영 께름칙하다고 이야기하기도 한다. 특히
몇몇 과학자와 환경 운동가는 이런 것이 바다 생태계에 예상치 못한 결과를 불러일으킬지도 모
른다며 두려워한다. 이에 과학자들은 2004년 남극해에서 실제로 바닷물에 쇳가루를 뿌렸는데,
2012년 발표된 실험 결과 논문에 따르면 실제로 이산화탄소를 줄이는 효과가 있는 듯 보였다.

솔직히 그렇다고 문제가 모두 해결되는 것은 아니다. 이미 바닷물에 녹아든 이산화탄소도 말썽
인 탓이다. 이산화탄소가 녹아들면 바닷물은 약한 산성을 띤다. 산호와 해양생물을 위해서는 이

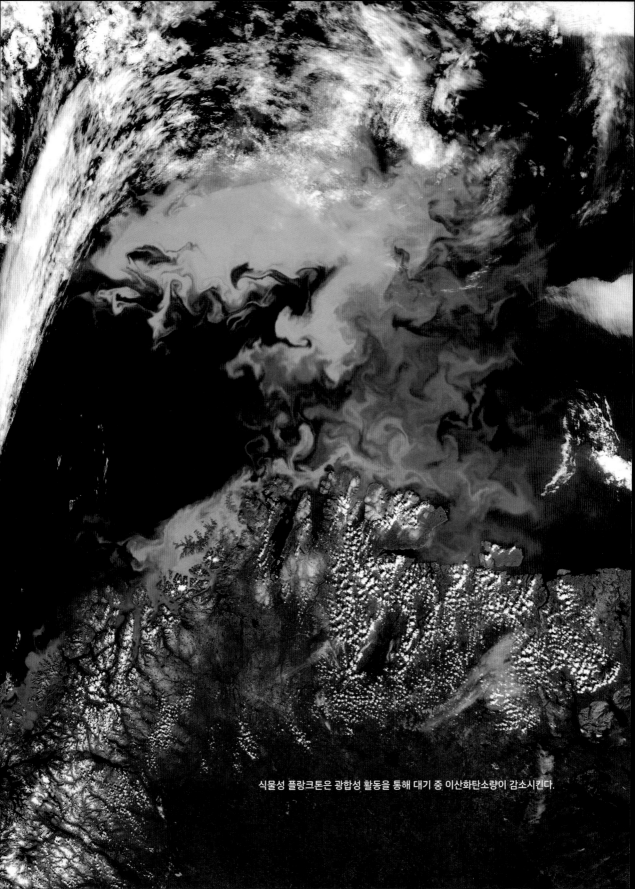
식물성 플랑크톤은 광합성 활동을 통해 대기 중 이산화탄소량이 감소시킨다.

기후 변화로 인해 해양생물의 삶이 위협받고 있다.

'바다의 산성화'를 늦춰야 하는데, 여기에 대해 지구공학자들은 '돌가루'라는 답안을 제시했다. 돌가루가 좋은 중화제라는 이유에서였다. 국제회의에서는 감람석를 빻아 만든 가루를 바다에 뿌려 산성화를 늦추는 방법도 진지하게 논의되고 있다.

날씨 풍선weather balloon도 지구공학적인 한 방법이다. 날씨 관측을 위해 하늘에 띄우는 커다란 풍선을 이용해 새털구름에 자잘한 화학입자를 뿌리는 방법이다. 이렇게 뿌린 입자를 중심으로 물분자가 뭉치면서 얼음결정이 생기는데, 보통의 새털구름은 열을 붙잡아두지만 적당한 양의 얼음결정이 생기면 구름이 점차 투명해지면서 열기가 분산시킨다.

화산 폭발을 흉내 내는 방법도 있다. 날씨 풍선을 하늘로 띄워 황을 뿌리는 것이다. 화산재와 비슷한 성분의 먼지를 뿌린달까. 이런 인공 화산재는 지구 온도를 상당히 낮춰줄 것으로 기대된다. 1816년 자연적인 화산 '실험'이 증명했듯이 말이다. 하지만 1816년처럼 혹독한 대가를 함께 치를지도 모른다. 언제 비가 올지 도무지 알 수 없으니 농사를 망쳐 식량이 부족하게 될 수도 있다. 여름 없는 해, 온 유럽이 겪었던 고통을 다시 겪는 건 상상만으로도 끔찍하다. 그렇다고 자꾸만 심해지는 기후 변화를 두고 볼 수만은 없는 노릇이다. 기후가 변하면 어쨌든 식량은 부족해질테니까. 최악을 피하기 위한 차악의 선택으로 지구공학적인 방법을 써야만 할 때가 오지 않기만을 바랄 뿐이다.

형형색색 아름다운 바닷속이 점점 색을 잃어가고 있다. 지구 온난화 때문이다. 날씨가 더워지면 지구의 70%를 차지하는 물의 온도도 당연히 높아진다. 그런데 수온이 상승하면 쉽게 스트레스를 받는 산호는 스트레스 상황에서 함께 살던 플랑크톤을 내보내버린다. 플랑크톤은 산호에게 색을 입혀줄 뿐만 아니라, 광합성을 하며 산소와 에너지를 주기까지 하는 고마운 존재로써 플랑크톤을 내보내면 산호는 색을 잃고 시름시름 앓다가 죽을 수밖에 없다. 지구는 자꾸만 뜨거워져 가는데, 어떻게 하면 위기의 산호를 구할 수 있을까?

산호는 플랑크톤을 먹고, 광합성으로 만든 에너지를 양분 삼아 살아간다. 부족해진 플랑크톤으로 인해 하얗게 변해버린 산호는 더 이상 산호라고 볼 수 없다. 여기에 더해 2014년부터 2016년까지, 역사상 가장 규모가 클 뿐만 아니라 기간마저 제일 긴 산호 백화coral bleaching 현상이 일어났다. 90%에 달하는 산호가 건강을 잃어, 피해가 심각했던 지역도 있었다. 인류는 이 사실을 심각하게 고민해야 한다. 바다 생태계를 위해 산호가 꼭 필요한 존재기 때문이다. 해양생물의 4분의 1이 산호를 통해 먹이와 서식지를 공급받는데, 백화 현상으로 산호의 사체만 남은 지역에서는 다른 해양생물들도 버틸 수 없다.

산호가 곤경에 처한 까닭은 인간의 활동으로 지구가 따뜻해진 탓이다. 한마디로, 모두 지구 온난화 때문이다. 지구 온난화가 산

이어보기

화산 폭발로 지구 온난화를
벗어날 수 있다고? ⋯ 63

새로운 지질시대가
시작됐다고? ⋯ 77

바닷물 온도가 올라가면 산호 백화 현상이 일어난다.

호의 생존을 위협하는 이유는 크게 두 가지다. 첫째, 산호가 살기에 바닷물이 너무 뜨거워졌다. 둘째, 바닷물의 pH 농도가 변했다. 지구 온난화로 인해 대기 중 이산화탄소량이 증가하면서 바닷물이 약산성을 띠게 됨으로써 pH 농도가 변한 것이다. 이렇게 pH 농도가 바뀌면 바다에 사는 생명체는 심한 스트레스를 받는다. 산호 역시 마찬가지다. 2016년 10월 미국 마이애미 Miami 대학교의 낸시 뮬러너 Nancy Muehllehner는 플로리다키스 제도에서 산호 군락이 '해양 산성화' ocean acidification로 인해 녹아버린 증거를 발견했다. 이에 해양학자들은 위기의 산호를 돕기 위한 계획을 세웠다. 위기에 처한 산호를 돕는 계획은 다음과 같았다. 인위적으로 진화의 속도를 높여 슈퍼 산호를 만드는 것이다. 지구 온난화로 인해 따끈따끈해진 바다에서도 무럭무럭 잘 자라는 강한 산호 말이다.

　대부분의 산호 종은 성장 조건이 매우 까다롭다. 햇빛은 물론 물의 온도도 적당해야 한다. 당연히 물속 화학성분의 농도도 적당해야 한다. 하지만 산호는 종류가 다양하고 그 가운데 기후 변화에 잘 적응할 수 있는 유전적으로 강한 종류도 있다. 미국 하와이 해양생물 연구소의 루스 게

튼튼한 산호의 알을 이용해 선택적으로 번식시킬 수 있다.

이츠 Ruth Gates와 오스트레일리아 해양과학 연구소의 매들린 반 오펜 Madeleine van Oppen은 이 사실에서 실마리를 얻었다. 가장 강한 산호를 골라 기후 변화에 잘 적응하는 새로운 종을 길러낸다면 어떨까? 사실 이것은 인류에게 꽤 익숙한 아이디어다. 인류가 수천 년 전에 농경과 목축을 시작했을 때 이렇게 가장 강한 종자를 골라 번식시켰고, 약 74억에 달하는 인류가 선택적 번식 덕분에 충분한 식량을 얻고 있다. 게이츠와 반 오펜도 백화 현상을 겪고 있는 산호 섬으로 헤엄쳐 가서, 기적처럼 건강을 잃지 않은 산호를 찾아 번식시킬 계획을 세웠다. 슈퍼 산호를 만드는 계획에 많은 사람이 공감했고, 둘은 2015년 연구비 400만 달러 모금에 성공했다.

둘에게는 다른 계획도 있었다. 튼튼한 산호를 골라 일부러 살기 힘든 환경에서 자라게 하는 것이다. 좀 더 빨리 기후 변화에 적응하게끔 하기 위해서였다. 예를 들어 2015년 게이츠와 동료 연구원 홀리 퍼트넘 Holli Putnam은 새끼를 밴 산호를 일부는 일반적인 환경에서, 나머지는 기후 변화로 인해 변하게 될 바닷물과 비슷한 환경, 즉 따뜻하고 산성인 환경에서 길렀다. 이후 태어난 산호들이 환경 변화를 얼마나 잘 견디는지 실험해보니, 일부러 스트레스를 준 환경에서 태어난 산호들이 따뜻하고 산성이 강한 환경에 더 잘 적응했다.

2014년 기후 변화에 관한 정부 간 협의체, IPCC Intergovernmental Panel on Climate Change는 "가장 변화에 취약한 해양생물"로 산호를 꼽았지만, 게이츠와 반 오펜의 연구는 변화에 적응하는 산호의 힘이 우리의 생각보다 조금 더 강할 수도 있다는 희망의 메시지를 던져준다.

환경 운동가들은 오래전부터 원자력 발전소에 반대해왔다. 환경 운동가들이 지적하는 원자력 발전의 가장 큰 문제는 방사성 핵폐기물이었다. 또한 체르노빌, 스리마일, 후쿠시마에서처럼 예상치 못한 원전 사고가 일어날 가능성도 지적했다. 이런저런 이유로 우리는 서서히 화석연료의 사용을 줄이고 있다. 풍력 발전소와 태양광 발전소가 석탄 화력 발전소의 빈자리를 메우고, 전기 자동차가 휘발유 자동차를 길에서 밀어내며, 지구는 더 푸르고 더 살기 좋은 세상으로 변해간다. 하지만 이는 지나치게 낙관적인 생각일 수도 있다. 재생 에너지가 무조건 환경에 좋은 것은 아니기 때문이다.

'재생 에너지'라는 단어를 들으면 어쩐지 친환경적이기만 할 것 같지만, 사실은 그렇지 않다. 원자력 발전에 반대하던 환경 운동가들은 재생 에너지조차 나름의 환경 문제를 일으킨다는 사실을 알지 못했다.

재생 에너지의 문제는 꼭 필요한 원소를 구하기 힘들다는 점이다. '네오디뮴' neodymium이라는 원소에 대해 들어본 적이 있는가? 네오디뮴은 우리가 쓰는 이어폰과 스피커에 들어가는 원소로써 적은 양으로도 강한 자성을 띠기 때문에 이어폰처럼 작은 기기에 필요한 전자석을 만드는 필수 재료다. 강한 자석의 힘으로 발전소의 터빈을 돌리고 전기 자동차를 바퀴를 움직이기도 한다. 한편, 에너지를 효율적으로 사용하는 LED 전구가 차갑고 날카로운 불빛이

풍력 발전소는 친환경 에너지를 만들어내지만, 풍력 발전소를 짓는 일 자체가 환경에 부담을 준다.

아닌 따뜻하고 안정을 주는 빛깔을 띠기 위해서는 이트륨yttrium과 터븀terbium이 있어야 한다.

우리에겐 친숙하지 않은 이 원소들은 모두 '희토류 원소'다. 땅속의 희귀한 원소라는 이름 뜻이지만, 딱히 희귀하지는 않다. 다만 일반적인 원소처럼 높은 압력으로 눌린 퇴적물에서 만들어지지 않고, 땅속에 매우 고르게 퍼져 있을 뿐이다. 눈알 튀어나오게 비싼 장비를 들여 눈곱만큼 적은 양을 채굴해야 한달까. 덧붙여 정제하고 가공하는 과정이 아주 어렵다. 채굴 광석에는 희토류뿐만 아니라 다른 원소가 여럿 뒤섞여 있는데 불순물을 없애고 순수한 희토류 원소를 얻어내려면 이런저런 화학약품으로 처리해야 한다. 이 중 일부 약품은 독성이 아주 심하다. 환경에 절대 좋을 수가 없다.

사정이 이러하다 보니, 희토류 원소를 얻는 일은 경제적으로도 환경적으로도 비용이 만만치 않다. 채굴 기업도 거의 중국과 동남아시아에 몰려 있을 뿐만 아니라 예상대로 환경에 악영향을 끼치고 있다. 몇몇 기업에만 공급을 의존한다는 것도 걱정이다. 다른 나라에서 희토류 채굴 사업에 뛰어든다 하더라도, 친환경적인 방법으로 채굴하기도 힘들거니와 이미 중국과 동남아시아에 떡하니 자리 잡은 채굴 기업들과 경쟁도 피하기 어렵다. 이런 상황에서는 어떻게 해야 할까?

이미 어떤 사람들은 지구가 아닌 우주로 눈을 돌렸다. 우주에서 희토류 원소를 채굴한다면 공급과 환경 문제가 함께 해결된다. 문제는 우주 채굴 사업이 이제 겨우 걸음마 단계라는 것이다. 희토류 원소가 가득한 소행성을 잡아다가 광석을 캘 만한 기술은 아직 갖춰지지 않았다.

가까운 미래에 재생 에너지 산업과 일반적인 기술 산업은 모두 희토류 원소 재활용에 앞장서야 한다. 재활용이 가장 환경적이라고 주장하는 연구도 있다. 2014년 네덜란드에

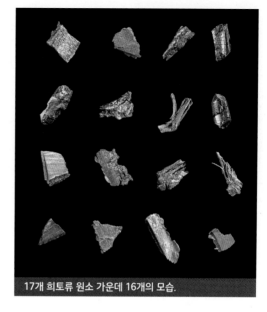

17개 희토류 원소 가운데 16개의 모습.

있는 소재 혁신 Materials Innovation 연구소의 벤저민 스프레처 Benjamin Sprecher 연구단은 컴퓨터 하드 디스크에서 네오디뮴을 다시 꺼내 쓰기만 해도 채굴로 인한 환경 파괴를 10배나 줄일 수 있다고 계산했다. 2011년 UN 보고서에 따르면, 재활용률이 고작 1%도 채 되지 않는 원소가 수없이 많다고 한다. 그 가운데에는 네오디뮴도 있었다. 2013년의 UN 보고서에 말하는 것처럼 우리는 희토류 원소의 재활용에 대해 "다시 생각"하고 변화해야 한다.

물이 흘러 넘치는 사막이 있다고?

2014년 이스라엘은 150년 만에 최악의 가뭄을 경험했다. 1월에는 비가 한 방울도 내리지 않았다고 말해도 과언이 아니었다. 가뭄 심하기로 둘째가라면 서러운 이스라엘다운 상황이었다. 그런데 이스라엘에는 아무런 문제가 없었다. 물이 부족해야 정상인데, 도대체 어떻게? 마법이라도 부린 걸까? 당연히 호그와트에서 마법사를 파견해준 것은 아니다. 이스라엘은 과학 기술이라는 이름의 마법으로 최악의 가뭄을 아무렇지도 않게 넘겼다. 이 마법 중의 마법을 가능하게 한 핵심은 '담수화' 공장이다.

이스라엘은 사용한 물의 80%를 농업용수나 공업용수로 다시 재활용한다. 거기에 수도관을 철저하게 감시해 물이 새는 것도 막는다. 그 덕분에 이스라엘은 누수율이 고작 10%이다. 수도가 잘 정비된 서방에서도 누수율이 40%에 달하는 국가가 있다는 것을 생각하면 주목할 만한 수치다. 하지만 이스라엘이 그것만으로 물 부족 국가에서 탈피한 것은 아니다. 이스라엘이 물 부족 국가에서 벗어날 수 있었던 것은 지중해의 소금물을 시원하고 깨끗한 식수로 바꿨기 때문이다.

솔직히 담수화 기술 자체는 새롭다고 볼 수 없다. 미국에서 첫 담수화 공상이 가동한 것이 1960년대 초반이었고, 그 뒤로 꾸준히 새로운 공장이 뒤를 이었으니까. 하지만 담수화 공장은 운영 비용이 만만치 않다. 미국 캘리포니아에 있는 담수화 공장이 태평양 바

이스라엘의 관개 시설은 상당 부분 생활하수를 활용한다.

댓물의 소금기를 빼는 데 드는 비용은 천 리터당 2.5달러다. 반면, 담수화 기술에 대한 지속적인 연구·개발로 비용을 낮춰온 이스라엘에서 같은 양의 물 담수화에 들이는 비용은 58센트에 불과하다. 특히 이스라엘 저커버그 Zuckergerg 연구소의 물 연구원 바지브 Edo Bar-Zeev는 담수화 비용을 낮추는 데 크게 기여했다.

2013년, 바지브와 동료 연구원들은 담수화 공장으로 흘러 들어가는 바닷물의 이물질 제거 사전 처리 과정을 자세히 들여다보았다. 일반적으로 담수화 기업은 특별한 화학물질을 뿌려 이물질을 뭉친 다음 쉽게 걷어내는데, 이 방식에는 몇 가지 문제가 있다. 일단 화학물질에 비용이 드는데다 만약 바다로 흘러 들어가면 야생생물에게 안 좋은 영향을 미칠 위험이 있다. 바지브와 동료들은 바닷물 사전 처리 과정에 화학물질 대신 가격이 싼, 생물학적인 이물질 제거 방식인 하수의 미생물 여과기를 적용할 수 없을지 연구하기 시작했다. 사람들은 바지브가 불가능한 일을 연구한다고 생각했다. 하수는 아주 천천히 미생물 여과기를 통과하지만 바닷물은 아주 세차게 여과기를 통과해 담수화 공장으로 흘러들어가니까 미생물이 미처 이물질을 제거할 틈이 없으리라 여긴 셈이다.

담수화 공장으로 인해 이스라엘은 물 부족 문제에 대한 걱정을 놓았다.

　결과적으로, 바지브 연구단은 이런 가정이 틀렸다는 사실을 입증했다. 그들은 1년 동안 실험한 결과 미생물 여과기의 이물질 제거 능력이 화학물질만큼 효과적이라는 것을 밝혀냈다. 미생물 여과기는 화학물질보다 비용이 훨씬 저렴함에도 불구하고 친환경적이었다. 이 같은 기술 발전으로 인해 이스라엘은 적은 비용으로도 충분히 바닷물을 식수로 바꿔놓을 수 있었다. 담수화 기술의 발전은 현재 지중해 동쪽의 중동 지역 간 갈등을 완화시키는 데 도움을 주고 있다. 조만간 중동 각국의 과학자들이 한데 모여 함께 담수화 기술을 논의하는 날이 오지 않을까?

20세기에 가장 특별한 날은 언제일까? 전 세계 사람들이 똑딱거리는 시곗바늘을 설레는 마음으로 지켜보던 1999년 12월 31일? 새로운 밀레니엄을 맞이하던 그날 밤, 많은 사람이 20세기의 마지막 날을 즐기며 다가오는 21세기를 맞이했다. 하지만 과학자들에게 가장 특별한 날은 21세기로부터 이미 50년도 전에 지나갔을지도 모른다. 1950년 1월 1일 고요한 일요일에 지구가 새로운 지질시대를 맞이했을지도 모르기 때문이다. 1950년 새해 첫날, 도대체 무슨 일이 있었던 것일까?

지구는 나이가 좀 많다. 약 45.4억 년 전에 태어났으니까. 45.4억을 숫자로 풀어쓰면 4,540,000,000이다. 가격표에서 봤다면 숨이 턱 막히며 비틀비틀 뒤로 물러설 정도로 많은 0이다. 이렇게 긴 역사를 단숨에 파악하긴 아무래도 힘들다. 그래서 지질학자들은 지구의 시간을 덩어리로 뭉텅뭉텅 나누고 이름을 붙였다. 이 덩어리 시간을 지질시대geological time라 부른다. 지질시대 덕분에 우리는 공룡이 언제 살았냐는 질문에 "쥐라기 시대"라고 간단하게 답할 수 있게 되었다. 1억 5400년 전부터 1억 5200년 전까지라고 답하는 것보다는 훨씬 쉬운 방법이다.

지질시대는 어떤 기준으로 나눠야 할까? 여러 고민 끝에, 지질학자들은 지구에 커다란 변화가 있을 때를 기준으로 삼았다. 지구 생명체 대부분이 멸종해 사라진다든가 빙하시대가 끝나는 것과 같은

사람들은 상상 이상으로 우리가 사는 지구의 모습을 바꿔
버렸다.

농지를 마련하기 위해, 매년 나무를 베고 숲을 태우며
산림을 파괴한다.

아주 커다란 변화 말이다. 이 때문에 요즘 지질학자들은 한 가지 커다란 고민에 휩싸였다. 인류로 인해 지구에 커다랗고 극적인 변화가 생긴 것처럼 보이기 때문이다. 새로운 지질시대를 더해야만 하는 것은 아닐까? 인류가 지구에 커다란 변화를 가져온 듯 보인다는 점은 부정할 수 없다. 지난 5만 년 동안 인류는 지구 곳곳을 정복하며 크고 작은 생물들을 멸종시켰다. 숲을 베어 목초지를 만들고, 땅을 들쑤셔 화석 연료를 캐내고 태웠다. 지구는 점점 뜨거워졌고, 바다는 산호와 해양생물이 사라질 정도로 산성화됐다. 결국, 2016년 영국 레스터 Leicester 대학교의 얀 잘라시에비치 Jan Zalasiewicz와 영국 지질 Geological 연구소의 콜린 워터스 Colin Waters가 이끄는 국제 연구단은 국제 층서 위원회 ICS International Commission on Stratigraphy에 새로운 지질시대인 인류세의 공식 도입에 대한 논의를 제안했다.

그런데 일부 과학자가 여기에 의문을 제기했다. 지구의 변화가 일시적일지도 모른다는 것이었다. 지구의 온도는 계속해서 오르고 있지만, 우리가 화석 에너지를 덜 사용하거나 새로운 친환경 에너지를 개발한다면 치솟기만 하는 지구 온도를 붙잡아 둘 방법도 있을 것이다. 지나치게 낙관적인 추측일지도 모르지만 어쩌면 과학 기술이 지구 온도를 산업화 이전으로 낮출 방법을 찾을지도 모른다. 숲과 나무가 사라지는 속도도 빨라지고 있지만, 여전히 희망이 있다. 나무를 베어내는 이유는 가축을 기를 목초지가 필요해서다. 연구실에서 배양육을 길러낸다면 목초지는 불필요하다. 이미 만들어놓은 목초지를 다시 숲으로 되돌릴 수도 있다. 어쩌면 생물의 멸종마저도 되돌릴 수 있다고 용감하게 주장하는 과학자들이 있다. 그들은 화석에서 DNA를 추출해 이미 멸종한

경쟁적인 핵폭탄 실험 때문에 지구 대기는 방사성 물질로 가득했다.

생물을 부활시킬 꿈에 부풀어 있다.

　인류세를 공식적으로 선언하면 되돌릴 수 없으므로 연구자들이 지구에 확실한 변화가 일어났다는 명백한 증거를 원한 것은 전혀 이상한 일이 아니다. 게다가 덜컥 인류세를 확정하면 골치 아픈 문제도 하나 발생한다. 인류는 최소 1만 년 전부터 땅을 일구고 씨를 뿌리는 농업으로 지구의 자연에 영향을 끼쳤다. 지금 우리가 인류세를 살고 있다면, 시작점이 대체 언제란 말인가? 설마 1만 년 전? 인류세를 주장하는 과학자들, 그러니까 잘라시에비치와 워터스 같은 과학자들은 인류세의 시작점을 1950년 새해 즈음이라고 가정한다. 어쩌면 딱 새해일 수도 있고. 그들의 주장을 뒷받침하는 근거가 무엇일까? 바로 핵이다. 1945년부터 1960년 사이에는 핵폭탄 실험이 활발했고, 그로 인해 지구 대기 중 방사능 수치가 치솟았다. 아까도 말했지만, 새로운 지질시대가 시작하려면 지구 전체에 영향을 미칠 만한 커다란 변화가 필요하다. 핵폭탄 실험으로 인한 높아진 방사능 수치라면 커다란 변화라는 조건에 딱 들어맞는 일 아닐까?

체르노빌이 야생생물의 천국이 됐다고?

1986년 4월 26일 토요일 이른 아침, 우크라이나에 있는 체르노빌 원자력 발전소의 안전성 검사는 예상과 다른 방향으로 흘러갔다. 안정성을 입증하기는커녕 핵분열 연쇄반응을 제어하지 못하고 원자로가 녹아내리는 역사상 최악의 원전 사고를 일으킨 것이다. 새카맣게 피어오르는 연기에는 방사성 물질이 가득했고, 주민 수십만 명이 정든 집을 떠나 안전한 곳으로 피해야만 했다. 주변 환경도 순식간에 황폐해졌다. 그 후 30년, 또다시 예상과는 다른 일이 벌어졌다. 체르노빌 주변에 야생생물이 번성하고 있다는 조사 결과가 나온 것이다.

체르노빌에서 처음 원전 사고가 일어났을 때, 사람들은 도무지 손 쓸 방법을 찾지 못했다. 대피는 누가 봐도 옳은 선택이었다. 그런데 엉망진창 망가졌던 자연은 채 몇 달이 지나지 않아 상처를 회복하기 시작했다. 1990년이 오기도 전에, 사람들의 통행을 막은 제한 구역에서 사슴과 야생 돼지의 개체 수가 늘어가는 것을 항공 사진으로 확인했다. 1990년대 중반에는 과학자들이 제한 구역 안으로 직접 들어가 몸집이 작은 포유동물까지 개체 수가 늘었다고 보고했다. 사람들은 원전 사고가 체르노빌의 환경과 생태계에 심한 피해를 줬다고 생각했지만, 조사를 진행한 과학자들은 모두의 생각만큼은 아닌 것 같다고 말을 더했다.

이러한 관찰을 뒷받침하는 자세한 연구가 2015년 발표됐다. 영국 포츠머스Portsmouth 대학교의 짐 스미스Jim Smith와 벨라루스, 영

체르노빌 원자력발전소에서 가까운 프리퍄티 마을은 아직도 폐허로 남아있다.

국, 러시아, 독일에서 모인 연구자들이 참여한 국제 연구단은 체르노빌에서 야생생물이 꽤 잘살고 있다는 결론을 내렸다.

방사성 낙진은 몸에 해로운 방사선을 마구 뿜어내고, 방사선은 사람에게 위험한 영향을 끼친다. 당연히 야생생물에게도 해롭다. 그런데 체르노빌 원전 사고가 내뿜은 방사선은 야생생물의 개체 수를 줄일 정도로 영향을 미치지는 않은 듯 보였다. 사람을 피해 잔뜩 웅크려 있던 야생생물들은 사람들이 떠나자 오히려 활개를 치기 시작했고, 번성했다. 오죽하면 개체 수가 늘었다. 이런 상황을 보며 이 지역을 야생생물 보호 지역으로 지정해야 한다고 주장하는 사람들도 생겼다.

물론 성급한 결론을 반대하는 과학자들도 있다. 프랑스 파리-슈드 Paris-Sud 대학교 안데르스 묄러 Anders Møller와 미국 사우스 캐롤라이나 South Carolina 대학교의 티머시 무소 Timothy Mousseau는 여

체르노빌 제한 구역 안에서 커다란 포유동물이 번성한다고 믿는 과학자들이 있다.

러 해 동안 제한 구역에서 연구하며 야생생물의 개체 수가 줄어들었다고 주장했다. 밀러와 무소는 제한 구역 안에서 커다란 동물의 발자국을 발견하는 횟수가 바깥에서 발견하는 횟수보다 적다고 지적하며, 몸집이 큰 동물의 숫자가 줄어들었다고 강조했다. 곤충과 거미의 숫자도 줄었다고 덧붙였다. 가장 걱정스러운 점은 제한 구역 밖 방사선 수치가 안전한 수준으로 낮은 지역에서조차 곤충의 개체 수가 적었다는 사실이다. 비슷한 사례가 일본 후쿠시마에서도 보고됐다. 후쿠시마는 2011년 3월 도호쿠 지방 앞바다의 지진과 쓰나미로 인해 원전 사고가 일어난 지역이다.

여러 연구가 정반대의 결과를 보여주고 있다. 과연 자연은 우리의 바람보다 더 잘 이겨내고 있는 걸까, 아니면 우리의 걱정보다 훨씬 더 고통받고 있는 걸까?

같은 지역에서 같은 생물을 연구했는데 이토록 다른 결과가 나온 이유는 아직 아무도 모른다. 그렇지만 방사선 전문가가 이론적으로 정밀하게 연구했다면 다른 결과가 나오지 않았을까 싶기도 하다. 보통 이런 종류의 연구는 생태학자가 진행하므로 어쩌면 방사능 수치를 잘못 해석했을지도 모른다. 방사선 전문가가 포함된 연구단의 후속 연구를 통해 자연이 현재 어떤 상태인지 확실하게 알아낼 수 있기를 기대해본다. 그때까지 체르노빌 원전 사고가 자연과 생태계에 정말로 어떤 영향을 미쳤는지 우리는 알 수 없다.

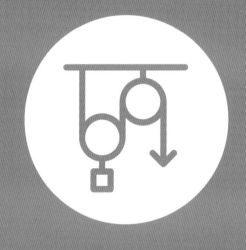

3 물리과학

이어보기

- 인공 태양이
  에너지의 미래라고? ... 32
- 새로운 지질시대가
  시작됐다고? ... 77
- 체르노빌이
  야생생물의 천국이 됐다고? ... 80

핵폭탄이 코끼리의 멸종을 막았다고?

1945년 이후 전쟁의 모습은 확연히 달라졌다. 일본 히로시마와 나가사키에 핵폭발이 일어났고, 세계 각국은 앞다퉈 핵폭탄 개발에 뛰어들었다. 그리고 정말이지 이렇게 표현하기는 싫지만…… 관련 기술이 개선됐다. 다행히 1963년 부분적 핵실험 금지 조약이 체결되면서 땅은 물론 하늘에서도, 심지어 우주에서조차 핵실험을 할 수 없게 되었다. 그런데 아이러니하게도 과학자들은 핵폭탄 실험 덕분에 뇌의 비밀을 풀고, 범죄 사건을 해결하고, 심지어 상아 때문에 멸종 위기에 처한 코끼리까지 구할 수 있었다.

1950년대부터 1960년대까지의 핵실험으로 인해 지구 대기층에는 엄청난 변화가 일어났다. 이 변화는 지구 전체에 골고루 퍼졌고, 이로 인해 지구 대기층의 방사능 수치가 급격하게 상승했다. 지질학자들은 방사능 수치가 높아진 시점을 새로운 지질시대, 인류세의 시작점으로 봐야 한다고 주장했다. 이 새로운 지질시대는 산림 벌채, 환경 오염, 기후 변화, 동식물 멸종같이 인간으로 인한 자연의 변화가 특징적인 지질시대다.

솔직히 이 중 어떤 변화도 자연에 좋은 일이라고 보기는 어렵다. 대기층의 높은 방사능 수치도 마찬가지다. 지구 대기층에는 반세기가 훌쩍 넘은 아직까지도 핵폭발의 찌꺼기인 방사성 탄소-14가 여기저기 떠다니고 있다. 그런데 놀랍게도 과학자들은 대기층의 방사능 수치를 유용하게 이용할 방법을 찾아냈다.

20세기 중반 핵폭탄 실험은 지구 대기층에 어마어마한 양의 방사성 탄소-14를 내뿜었다.

    방사성 탄소-14의 사용법을 알아내기 위해 탄소의 발자취를 뒤쫓아보자. 식물은 탄소를 흡수하며 광합성 한다. 그러면 공기 중의 탄소가 식물로 이동한다. 이어서 초식동물이 풀과 나뭇잎을 먹으면, 식물 속의 탄소가 동물로 이동한다. 이렇게 먹이사슬을 타고 이동하는 탄소의 종착지는 어디일까? 바로 사람이다. 우리 몸속에 들어온 탄소는 DNA와 결합하는데, 공기를 떠도는 탄소가 결국 우리 몸속으로 들어오기 때문에 대기층 탄소-14의 양은 우리 몸속 DNA 사슬 속에 탄소-14의 양과 밀접한 관계가 있다.

    이제 중요한 부분이다. 부분적 핵실험 금지 조약 이후로 탄소-14의 수치가 차츰 낮아졌고, 1950년대 이후 매년 공기 중 탄소-14의 수치가 특정 값을 갖게 됐다. 이제 과학자들은 DNA 표본의 탄소 수치를 측정해서 어떤 연도의 탄소 수치와 같은지 맞춰보기만 하면, 표본이 만들어진 연도를 알 수 있다. 탄소-14를 이용해 DNA의 연도를 측정하는 방법은 여러모로 쓸모가 많다. 일단 신원을 알 수 없는 시신의 나이를 알아내 과학 수사에 도움을 준다. 과학 수사뿐 아니라 코끼리 밀렵꾼 수사에도 도움을 준다. 상아 거래는 1990년대 체결된, 멸종 위기에 처한 야생생물의 국

과학자들이 상아의 연대를 측정하는 방법을 개발한 뒤 코끼리들의 삶은 180° 달라졌다.

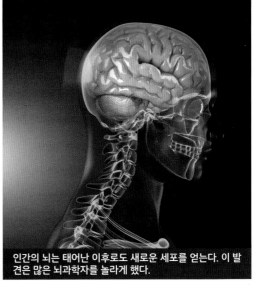

인간의 뇌는 태어난 이후로도 새로운 세포를 얻는다. 이 발견은 많은 뇌과학자를 놀라게 했다.

제 교역에 관한 협약, CITES Circumvention on International Trade in Endangered Species에 따라 엄격히 제한되지만 원칙적으로 조약 이전부터 거래되던 상아는 여전히 합법적으로 거래할 수 있다. 밀렵꾼들은 이 점을 이용해 코끼리를 몰래 잡아 오래된 상아인 양 뻔뻔스럽게 거래했으나 탄소-14 수치를 측정하면 상아의 나이를 알아낼 수 있을 뿐만 아니라 뻔뻔한 밀수꾼을 잡는 것도 가능하다.

핵폭발로 인한 탄소-14는 뇌 과학에도 도움을 줬다. 인간의 뇌의 탄소-14의 양을 측정한 결과 부위마다 탄소 수치가 달랐다. 이는 뇌의 특정 세포가 재생할 수 있으며 성인의 뇌가 뇌과학에서 지금껏 생각했던 것 이상으로 유연하고 말랑말랑할지도 모른다는 근거를 제시했다.

아쉽게도 탄소-14의 도움을 받을 수 있는 시간은 정해져 있다. 방사성 탄소-14의 수치가 점점 줄어들고 있기 때문이다. 수치는 곧 핵폭탄 실험 이전으로 되돌아갈 것이다. 그 시점이 오면 특정한 탄소-14 수치를 검출할 수 없고, 생물 조직의 연도를 알아낼 방법도 사라진다. 새로운 DNA 연도 측정법을 개발하려고 계속 노력하고 있지만, 아직은 알 수 없다. 상황이 점점 묘하게 흘러간다. 핵폭탄 실험이 남긴 20세기의 유산인 방사능의 그림자는 수년 내에 걷힐 것이다. 우리는 모두 하루빨리 그 순간이 오길 손 모아 바라고, 과학자들도 당연히 그렇지만, 과학자들은 앞으로 지금보다 조금 더 힘들게 일해야 할지도 모르겠다.

공룡은 왜 멸종한 걸까? 유력한 원인 중 하나는 지구 깊숙이 쥐죽은 듯 잠들어 있
는 뜨거운 마그마다. 마그마는 수천 년에 한 번씩 웅크렸던 몸을 활짝 펴고 타는
듯한 불기둥을 땅 위로 뿜어낸다. 어마어마한 화산 폭발이 일어나는 것이다, 이때
대개 많은 생물 종이 함께 멸망한다. 공룡은 소행성 충돌 때문에 멸종한 것 아니
냐고? 물론 그것도 충분히 근거가 있지만, 비슷한 시기에 화산 폭발이 일어났으
며 이것이 공룡 멸종에 영향을 미쳤다는 증거도 있다. 다음 화산 폭발은 대체 언제
일까? 과연 인류는 무시무시한 화산 폭발로부터 멸종하지 않을 수 있을까?

지구에는 대부분 생물 종이 한순간에 사라져버리는 대멸종이
몇 번이나 일어났다. 그런데 대멸종 시기에는 대부분 엄청난 규모
의 화산 폭발이 함께 일어났다. 서유럽 정도 너비의, 수백만 제곱킬
로미터에 달하는 땅이 용암으로 뒤덮일 정도의 폭발이었다. 이렇게
용암이 넓게 퍼지며 만들어진 지역을 지질학자들은 '대규모 화성암
지대' large igneous provinces라고 부른다.

지난 5억 년 동안 가장 큰 규모의 대멸종이었던 '페름기 대멸
종' end-Permian mass extinction 발생 시기에도 대규모 화성암 지대가 만
들어졌다. 시베리아 대륙이 거의 용암으로 뒤덮일 정도였는데, 이때
대규모 화성암 지대가 만들어지면서 6600만 년 전 새를 제외한 모
든 공룡을 멸종시킨 '백악기 대멸종' end-Cretaceous mass extinction이 일
어나게끔 영향을 미쳤다는 주장도 있다. 백악기—후기 대멸종 때는

마그마가 공룡을 멸종시킨 걸까? 심지어 티라노사우루스마저도?

인도 중서부에서 화산이 폭발했는데, 이때 땅을 뒤덮은 용암의 두께만 2킬로미터가 넘는다.

직접 들여다볼 순 없지만, 지질학자들은 지구 안쪽에서 바다가 소용돌이치듯 마그마가 마구 휘돌면서 화학성분이 바뀌고 있으리라 추측한다. 그러므로 지각 밖으로 분출되는 용암은 화학적으로 젊다. 젊은 마그마는 45억 살 이상 나이를 먹은 지구가 여전히 왕성하게 활동한다는 증거다. 그런데 2010년 그린란드 화산 지대를 조사한 연구에 따르면, 6천만 년 전 화산 폭발로 흘러내린 용암은 그 자체로도 너무 늙었고, 추출한 화학적 동위원소 일부는 심지어 지구보다 더 늙어 있었다. 이 연구 결과를 바탕으로, 가만히 옹그린 채 폭삭 늙어버린 마그마 덩어리가 있다는 주장이 제기됐다. 마그마의 화학성분이 젊든 늙었든 그게 무슨 상관이냐고? 옹그린 마그마 덩어리가 아주 불길하다는 증거가 있대도 그렇게 물을 수 있을까?

2011년 미국 보스턴 Boston 대학교의 매슈 잭슨 Matthew Jackson과 카네기 Carnegie 연구소의 리처드 칼슨 Richard Carlson은 서로 다른 곳에 있는 대규모 화성암 지대의 화학적 성질이 대부분이 비슷하다는 사실을 발견했다. 게다가 똑같은 종류의, 오래된 화학적 동위원소까지 공통으로 발견했다. 화성암 지대에서 발견한 동위원소는 휘돌지 않는 뜨거운 마그마 덩어리와 관계가 있었다. 두 지질

엄청난 양의 용암이 넓은 지역에 흘러 퍼지면서 많은 생물 종이 멸종했다.

학자는 마그마 덩어리가 이따금 알 수 없는 이유로 지표면을 뚫고 나와 넓게 퍼지면서 대규모 화성암 지대를 만들고, 이로 인해 대멸종이 발생한다고 가정했다.

　　두 사람은 과연 정확한 사실을 알아낸 것일까? 아직도 여러 학자의 의견이 서로 다르지만, 만약 두 사람의 추측이 맞다면 인류에게는 매우 나쁜 소식이다. 언제 시한폭탄으로 변할지 모를 마그마 덩어리가 땅 밑 군데군데 여전히 남아 있을 수도 있기 때문이다. 지구 내부 구조를 지진파 탐사로 조사해보니, 하부 맨틀의 두 지역이 두드러진 차이를 보였다고 한다. 아마 고여 있는 마그마 덩어리리라. 하나는 아프리카 대륙 2800킬로미터 아래에 있고, 다른 하나는 태평양 아래에 역시 2800킬로미터 아래에 있다. 이 두 마그마 덩어리가 언젠가 무시무시한 대규모 화성암 지대를 만들어낼지도 모른다. 이 두 마그마 덩어리 중 하나가 깨어나 화산이 폭발한다면, 대규모 화성암 지대가 만들어지고 지구에 다시 한 번 대멸종이 일어나고야 말지도 모른다.

지구에서 가장 흔한 광물을 만질 수는 없다고?

2015년 12월, 호기롭게 드릴로 땅을 파는 지질학 프로젝트가 시작됐다. 지각에 구멍을 뚫어 맨틀 표본을 채취해 45억 4천 년 전 지구가 어떻게 탄생했는지 비밀을 밝히겠다는 야심만만한 계획이었다. 하지만 이렇게 직접 파고들지 않아도, 지구 내부의 구조를 알 수는 있다. 그렇지 않다면 아직 뚫고 들어가 본 적도 없는데, 어떻게 지구 안쪽의 핵을 감싼 하부 맨틀이 어떤 광석인지 알아낼 수 있겠는가. 지구의 3분의 1을 차지한 이 광석을 우리는 만질 수조차 없지만, 땅을 파고들다 보면 언젠가 만질 수 있지 않을까?

인간이 직접 연구할 수 없는 지구 안쪽은 과학에서 가장 신비로운 영역으로 남아 있다. 하지만 지진파seismic wave를 자세히 관찰한 결과 과학자들은 지구 안쪽에 고체 상태의 내핵과 액체 상태의 외핵이 있고, 두꺼운 호박엿처럼 고체 상태의 암석 아래 천천히 이동하는 맨틀이 핵을 감싸고 있다는 사실을 알아냈다.

큰 붓으로 거칠게 그린 그림에 작은 붓으로 세밀한 묘사를 덧칠하듯, 지진파를 계속 연구하며 과학자들은 지구 내부를 좀 더 구체적으로 그려냈다. 이를 테면 맨틀 아래쪽이 철, 망간, 규소, 산소로 이루어진 결정질 광물로 이루어졌으며 이 광물이 지구의 전체 부피의 38%를 차지한다는 것까지 발견했다.

문제는 이 광물을 지구 표면에서는 찾을 수가 없다는 점이었다. 국제 광물학 협회 IMA International Mineralogical Association의 규정에 따

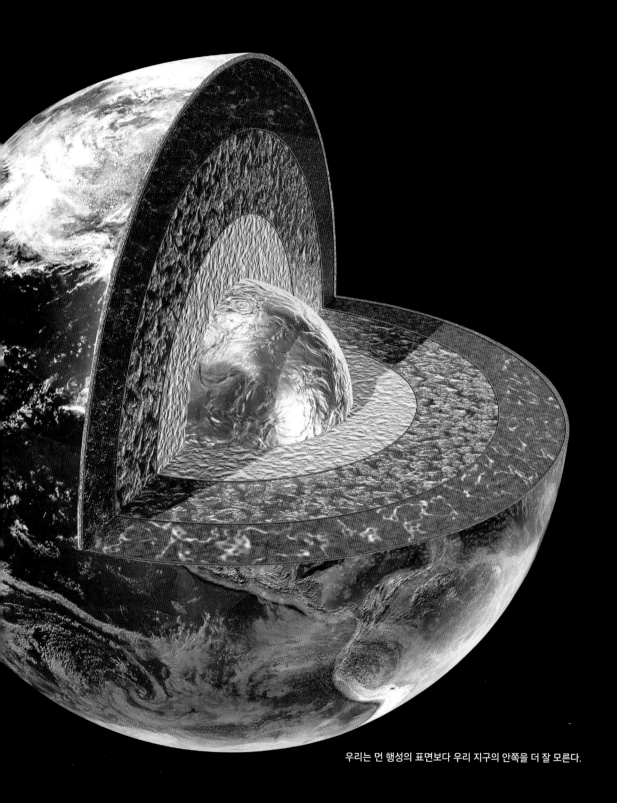

우리는 먼 행성의 표면보다 우리 지구의 안쪽을 더 잘 모른다.

45억 년 된 텐함 운석에 지구의 가장 흔한 광석이 들어 있었다.

고압실험의 아버지, 퍼시 브리지먼.

르면, 자연에서 만들어진 실제 표본이 없으면 광물에 공식 이름을 붙일 수 없다. 석영 같은 광물은 표본을 발견하자마자 냉큼 이름을 지어줬는데, 정작 지구에서 가장 흔한 광물에는 이름을 지어줄 수 없었던 셈이다. 골치를 앓던 지질학자들은 2014년 드디어 광물의 실제 표본을 찾아냈다. 지구 밑바닥에서 건져 올린 것이 아니라 지구에 와서 부딪힌 것을 주웠다. 1879년 오스트리아에 날아든 조그마한 운석 파편에서 이 광물의 표본을 찾아낸 것이다. 바로 텐함 운석 Tenham meteorite이다.

텐함 운석같이 우주에서 지구로 날아 들어오는 운석들은 아주 높은 온도와 심한 압력을 경험하는데, 이는 하부 맨틀의 환경과 비슷하다. 그래서 지구의 깊숙한 곳에서나 만들어지는 광물이 운석에서도 발견된 것이다. 우주에서 떨어진 돌멩이에서 지구에서 가장 흔한 광물의 표본을 찾은 셈이다. 광물을 손에 넣은 지질학자들은 출처가 땅속이든 우주든 신경 쓰지 않았다. 귀하디귀한 광물의 실제 표본을 발견하자마자 재빨리 이름을 붙였을 따름이다. 아마도 신바람에 춤을 덩실덩실 추지 않았을까? 비록 텐함 운석에서 발견한 광물의 크기는 고작 0.0002밀리미터에 불과했지만, 그런 사소한 문제는 신경 쓰지 않았다. 이 말 많고 탈 많은 광물의 공식 이름은 브리지머나이트 Bridgmanite다. 20세기 미국의 물리학자 퍼시 브리지먼 Percy Bridgman의 이름을 따왔다.

퍼시 브리지먼은 알베르트 아인슈타인이나, 닐스 보어, 리처드 파인먼처럼 유명하지는 않지만 노벨 물리학상을 받은 과학자로, 종종 '고압실험의 아버지'로 불린다. 지구 내부와 비슷하게 높은 압력에서 광물을 연구했기 때문이다. 브리지먼은 부지런하게도 지구에 존재하는 광석의 목록에 거의 5천 개를 추가했다. 많이 발견하기만 한 것이 아니다. 이 중 몇몇은 희귀하기까지 했다.

　사실 지구는 다른 비슷한 행성보다 광석 종류가 더 많다. 지질학자들은 지구에 희귀 광석이 많은 이유가 지구 생명체의 활동 때문이라고 생각한다. 생명체의 활동 때문에 특이한 결정질 광석을 만들어졌다고 생각하는 것이다. 그러므로 어떤 광석은 생명이 존재한다는 증거로 여겨지기도 한다. 우주에서 이런 광석을 찾으면, 지구 생명체와 비슷한 외계 생명체가 있다는 명백한 증거가 될지도 모른다. 이에 어떤 과학자들은 이런 광석을 이용해 외계 생명체를 찾을 수 있다고 주장한다. 만약 우주에서 떨어진 돌멩이에서 생명활동으로 만들어진 흔치 않은 광석을 발견한다면, 우주 어디인가에 외계 생명체가 산다는 결정적인 증거일지도 모른다.

시간이 장소 별로 다르게 흐른다고?

상대성이론에 따르면 시간과 공간은 사실 고무줄처럼 늘어나고 줄어든다. 알려진 우주 어디에서나 빛의 속도가 똑같아야 하기 때문이다. 시간과 공간이 어떻게 고무줄처럼 늘어나냐고? 솔직히 상대성이론은 설명하기도, 이해하기도 어렵다. 몇 년은 엉덩이 딱 붙이고 공부만 해야 이 어려운 이론을 이해할 수 있지 않을까 싶을 정도다. 아인슈타인은 어떻게 상대성이론 같은 걸 생각해내고 입증한 건지 놀라울 따름이다. 더욱더 놀라운 건 이처럼 어려운 이론이 우리의 일상에 매일매일 쓰이고 있다는 사실이다.

주변을 한 번 둘러보라. 우리 주변은 변하지 않는 것들로 꽉꽉 채워져 있다. 한 시간은 어디에서나 한 시간이고, 정지한 두 물체 사이의 거리는 언제나 그대로다. 참으로 마음 놓이는 일이다. 하지만 엄밀히 말하면 이것은 사실이 아니다. 솔직히 말하면 우리가 어디에 있고, 어떤 속도로 움직이는지에 따라 시간과 공간은 그때그때 달라진다. 알버트 아인슈타인 Albert Einstein이 상대성이론을 통해 입증한 것처럼 말이다.

시간과 공간이 시시때때로 변하는 것을 정말 본 적이 있냐고? 아쉽게도 지구에서는 시간과 공간이 늘고 줄어드는 정도가 아주 미미해서 절대 알아차릴 수 없다. 그렇지만 차이를 알아차리지 못한다고 해서 차이가 없다고 말할 수는 없다. 여기에 대한 재미있는 사례가 있다. 2015년 3월부터 1년간 국제 우주 정거장 ISS International

Space Station에서 임무를 수행한 스콧 켈리 Scott Kelly 관련 이야기다. 지구로 돌아온 스콧은 지구에서 지낸 일란성 쌍둥이 형제 마크 켈리 Mark Kelly와 나이 차이를 재 봤고, 몇 밀리 초 정도 나이 차가 벌어졌음을 확인했다. 겨우 몇 밀리 초 차이라도 우주와 지구의 시간이 확실히 다르게 흘렀다는 증거였다.

스콧 켈리(오른쪽)와 마크 켈리는 온몸으로 상대성이론을 입증했다.

이것 말고도 상대성이론을 입증할 수 있는 증거는 또 있다. 20세기가 절반쯤 지났을 때, 물리학자들은 중력으로 인해 핵에서는 시간이 느리게 흐른다는 사실을 알아냈다. 물리학자 리처드 파인먼 Richard Feynman은 1960년대 몇 차례 강의와 책 《파인만의 물리학 강의》에서 지구의 핵은 지각보다 하루 이틀 정도 어리다고 이야기했다. 위대한 과학자의 말이어서 그랬을까? 덴마크 오르후스 Aarhus 대학교의 물리학자 울리크 우게르회 Ulrik Uggerhøj 연구단이 2016년 직접 계산해보기 전까지, 아무도 이 계산이 맞는지 확인하지 않았다. 그리고 확인 결과, 지구의 핵은 지각보다 하루 이틀 어리지 않았다. 최소 2년쯤은 어렸다. 지각, 그러니까 지구의 피부는 45억 4,000살인데 심장부라 할 수 있는 핵은 많아 봐야 45억 3,998살이었던 것이다. 겉 따로 속 따로 만들어진 것도 아닌데 어떻게 피부와 심장의 나이 차가 이렇게 벌어질 수 있을까? 이는 아주 작은 차이가 45억 4000년 동안 쌓이고 쌓여 우리가 눈치챌 수 있을 만큼 커진 것이다.

어떤 이는 말도 안 되는 소리 좀 그만하라고 할 수도 있을 것이다. 직접 땅을 파고 들어가 핵의 나이를 확인한 것도 아니지 않느냐고, 상대성이론 같은 건 관념적인 이론에 불과하다며 딴죽을 걸 수도 있다. 하지만 상대성이론은 지금 우리에게 직접적으로 영향을 미치고 있다. 상대성이론 없이는 자동차의 내비게이션이나 스마트폰의 지도 앱 app이 작동할 수 없기 때문이다.

위성항법시스템, 즉 GPS Global Positioning System가 부드럽게 통신하기 위해서는 상대성이론이 꼭 필요하다. GPS는 하늘 위에 떠 있는 인공위성의 정밀 시계들을 이용하는데, 이때 인공위성과 지구 표면에서 시간이 다르게 흐른다는 점이 큰 골칫거리다. 스콧과 마크를 떠올려보라. 정확하게 통신하려면 시간을 억지로라도 맞춰야 한다. 바로 이 문제를 아인슈타인의 상대성이론이 해결한

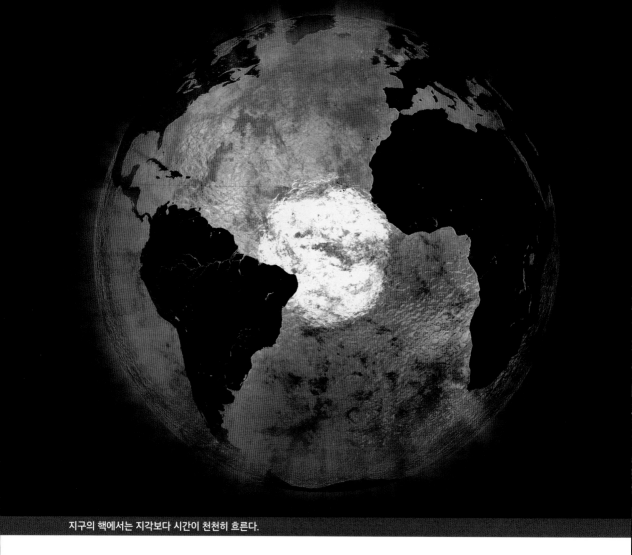

지구의 핵에서는 지각보다 시간이 천천히 흐른다.

다. 찬찬히 생각해보자. 인공위성에서는 아주 약간이지만 시간이 천천히 흐른다. 빠르게 움직이는 물체일수록 시간이 느리게 가기 때문이다. 동시에 인공위성에서는 시간이 빨리 흐르기도 한다. 중력이 약해질수록 시간이 빠르게 흐르기 때문이다. 너무 헷갈린다고? 정리하자면 시간을 천천히 흐르게 하는 힘(속도)과 시간을 빨리 흐르게 하는 힘(중력), 이 두 갈래 힘을 하나로 모아 계산해야 인공위성과 GPS 수신기의 시간을 정확하게 맞출 수 있는 셈이다. 상대성이론처럼 어려운 과학을 써먹는 게 고작 GPS냐고? 복잡한 골목에서 길을 잃어본 적이 있는 사람들에게 아인슈타인은 정말 고마운 존재일 것 같지 않은가?

그야말로 완벽한 보안 장치가 나타났다. 물리학자들이 시간을 벌려 만든 보안 장치다. 벌려진 시간의 틈 사이로 비밀 메시지를 집어넣은 다음, 이 틈을 메꾸면, 비밀 메시지는 감쪽같이 사라진다. 메세지에 대한 아무 흔적도 남지 않는다. 이제 비밀 메시지는 시간의 주름 속으로 꼭꼭 숨어버렸다. 메시지를 숨기기만 하면 뭐 하냐고? 다시 꺼내서 읽을 수 없으면 무슨 소용이냐고? 당연히 다시 꺼내 읽을 수도 있다. 이것은 SF에 나오는 이야기가 아니다. 현실에 존재한다고 믿기 어려운 이 놀라운 기술은 2012년, 이미 현실이 됐다.

우주에서 가장 빠른 빛은 텅 빈 진공에서 시속 10억 킬로미터로 움직이지만, 광섬유 안에 갇히면 일반적으로 시속 7억 킬로미터의 속도로 느려진다. 물리학자들은 이런 빛의 특징을 이용해 시속 7억 킬로미터보다 조금 더 느린 속도로 움직임으로써 시간 은폐술time cloaking을 개발했다. 시간 은폐술이 대체 뭐냐고? 광섬유 안에서 빛의 속도를 조절해 시간을 마음대로 주무르는 기술이랄까.

시간 은폐술의 핵심은 광섬유로 빛 알갱이의 움직임을 방해하는 것이다. 광섬유 안에서 움직이는 빛 알갱이 하나하나를 자동차에 비유해보겠다. 모든 자동차가 시속 70킬로미터로 꼬리에 꼬리를 물고 꽉 막힌 도로를 달리고 있는데 과학자들이 자동차 중 일부를 골라 속도를 시속 40킬로미터까지 늦춰버린다. 이렇게 하면 속도를 늦춘 자동차 앞으로 틈이 생긴다. 이 틈 안에서는 어떤 일이라

정보를 숨기기 위해 실제로 시간 사이를 벌리는 기술이 등장했다.

도 일어날 수 있다. 예를 들어, 도로 옆을 걷던 사람이 틈 사이로 휙 건너갈 수도 있다. 이때 다시 과학자가 끼어들어 속도를 늦춘 자동차를 다시 원래 속도로 달리게 하고 앞차의 속도를 약간 늦추면 앞차와 뒤차 사이의 틈을 점점 좁아진다. 틈이 사라지면 모든 것이 끝이다. 과학자들이 시간 은폐술의 스위치를 내려버린 것이다.

이런 경우 빛 알갱이 자동차가 달리는 광섬유 도로 저 멀리서 서 있는 사람은 황당해하며 머리를 벅벅 긁을 수밖에 없다. 도대체 무슨 일이 벌어졌는지 도무지 알 수가 없는 것이다. 길 왼편에 서 있던 사람이 어느 틈에 오른편에 건너갔는지 어떻게 알겠는가. 빠르게 달리는 자동차가 가득한 도로를 무슨 수로 건넌 건지 아무래도 알 수 없어 고개를 절레절레 흔들 수밖에.

임피리얼 칼리지 런던Imperial College London의 마틴 맥콜Martin McCall 연구단은 2010년 시간 은폐술의 이론적 토대를 처음 생각해내고, 2012년 실질적으로 증명했다. 당연히 도로 위의 자동차가 아니라 광섬유 안의 빛 알갱이로 증명했다. 2012년에 만들어낸 시간의 틈은 순식간에 사라져버리는 바람에 실제로 사용하기 충분치 않았지만, 다음 해까지 기술을 발전시키자 이메일 정도는 너끈히 숨길 수 있었다. 이렇게 메시지를 숨기고 나면, 시간의 틈은 도대체 어디 있었나 싶게 감쪽같이 사라져버린다. 광섬유 속을 아무리 들여다봐도 전혀 흔적이 남지 않는다. 연구팀은 2014년 시간의 틈을 다시 벌려 메시지를 꺼내 읽는 일에도 성공했다.

현대의 정보 전송은 상당 부분 광섬유 통신에 의존한다. 광섬유를 이용하는 시간 은폐술이 얼마나 유용할지 두말하면 입 아프다. 2015년 영국 보험 회사 로이드Lloyd는 사이버 범죄로 인한 피해가 매년 450조 원≒4천억 달러에 달한다고 어림 계산했다. 게다가 2020년 말 정도에는 비용이 2200조 원≒2조 달러까지 치솟을 것으로 내다봤다. 호시탐탐 기회를 엿보는 해커로부터 정보를 안

인터넷은 광섬유 통신 연결망을 기반으로 하기에 시간 은폐술을 적용하기 쉽다.

전하게 지켜낼 수만 있다면 고양이 손이라도 빌려야 할 상황이다.

물리학자들은 시간 은폐술에 만족하지 않고, 인터넷 범죄를 막아낼 또 다른 대책을 마련하고 있다. 대표적인 것이 아원자 입자의 신기한 성질을 이용하는 양자통신이다. 2016년 양자통신 위성 quantum communication satellite을 쏘아 올리는 데 성공하면서, 완벽한 인터넷 보안 체계 실현에 성큼 다가섰다.

조만간 해킹이 불가능한 사회가 될 거라고?

영국 보험 회사 로이드는 사이버 범죄로 인한 기업의 부담 비용이 2015년 기준으로 450조 원에 달하며, 계속 더 오를 것으로 내다봤다. 국제 금융, 방송, 국가 안보, 전력망까지 모두 사이버 범죄의 위협에 시달리고 있다. 사이버 범죄는 이제 무엇보다 중요한 사회 문제가 되었다. 하지만 나쁜 범죄자에게 당하기만 할 순 없는 법이다. 미래에는 과학의 힘을 빌려 인터넷 악당을 물리칠 수 있을 것이다. 어떤 과학의 힘을 빌리냐고? 인터넷처럼 20세기에 새롭게 등장한 학문, 바로 양자물리학이다!

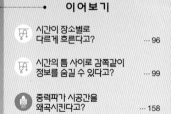

에르빈 슈뢰딩거 Erwin Schrödinger 의 사고 실험, '슈뢰딩거의 고양이'를 아는가? 슈뢰딩거는 양자물리학의 불완전함을 증명해 보이려 방사성 핵이 들어 있는 기계, 독가스가 들어 있는 통과 연결된 상자 안에 고양이가 갇혀 있다고 가정한 사고 실험을 고안했다. 실험 시작 시 한 시간 안에 핵이 붕괴할 확률을 50%가 되도록 조정한다면, 핵이 붕괴할 경우 방출된 독가스로 인해 고양이는 목숨을 잃는다. 과연 이 고양이는 살아 있을까, 죽어 있을까?

양자물리학은 원자와 아원자 입자처럼 상상할 수조차 없이 작은 크기의 세계에서 물질을 연구한다. 양자물리학의 주장에 따르면 아원자 입자처럼 아주 작은 물질은 두 가지 상태가 동시에 존재할 수 있다. 고로, 양자물리학적 예측과 결론에 따르면 고양이는 살아 있는 동시에 죽어 있다.

매년 사이버 범죄가 증가하고 있다.

이 말을 듣고 고개를 끄덕이며 무릎을 탁 칠 사람은 아무도 없을 것이다. 무슨 터무니없는 소리냐고 화내지 않으면 다행이다. 하지만 이것은 분명히 양자물리학의 특징이다. 그런 점에서 양자물리학은 우리와 아무 상관없는, 이상한 나라의 과학처럼 느껴진다. 하지만 중국의 양자통신 위성 묵자호QUESS로 인해 양자물리학과 우리 사이의 거리가 좁혀질지도 모르겠다. 2016년 8월, 중국이 쏘아올린 이 세계 최초의 양자통신 위성은 앞으로 몇 년간 치열하게 펼쳐질 양자통신 경쟁의 신호탄을 울렸다.

양자통신 위성의 장점은 제아무리 날고뛰는 해커라도 절대로 해킹이 불가능하다는 것이다. 현재의 기술은 두 사람 간의 메시지를 해킹으로부터 보호하기 위해 절대로 풀 수 없는 암호를 사용한다. 이런 보안 체계에서는 암호만 알아내면 누구라도 정보를 마음껏 읽어낼 수 있다. 어떤 암호를 쓸지 정할 때 누군가 엿듣는다면 큰일 나는 셈이다. 양자물리학은 이를 근본적으로 막을 수 있는 암호화 방법을 제공한다. 일단 긴밀하게 연결된 입자 쌍을 만들어낸다. 이를 양자 얽힘

2016년 8월 중국에서 세계 최초 양자통신 위성 묵자호가 발사됐다.

이라고 한다. 두 입자 사이의 연결은 쉽게 깨지지만, 누군가 한쪽을 들여다보는 순간 얽힘의 상태가 변하기 때문에 누군가 봤다는 사실 또한 쉽게 알아차릴 수 있다. 이러한 특성 덕에 처음 암호를 정할 때 얽혀 있는 입자 쌍을 이용한 양자통신이 대안으로 떠오르는 것이다. 쌍으로 얽힌 입자를 만들고, 두 사람에게 각각 보내고, 입자로부터 정보를 읽어낸다면? 도청으로부터 완벽하게 자유로운 암호통신 방법이 만들어질 테니까 말이다. 이런 방식을 양자 암호키 분배quantum key distribution라고 부른다.

　그렇다면 어떤 입자를 사용해야 할까? 사람들은 읽기도 쉽고 전송도 빠른 빛 알갱이를 눈여겨보고 있지만, 쌍으로 얽힌 빛 알갱이는 서로 멀어질수록 얽힘의 강도가 약해진다. 빛 알갱이 쌍을 이용한 양자통신은 그 거리가 수백 킬로미터에 불과하다. 이 문제를 해결하려면 길목마다 아주아주 비싼 얽힘 신호 증폭 장치를 세워야 한다. 어떻게 하면 이 문제를 좀 더 저렴하게 해결할 수 있을까? 이에 대한 해결책으로 등장한 것이 양자통신 위성이다.

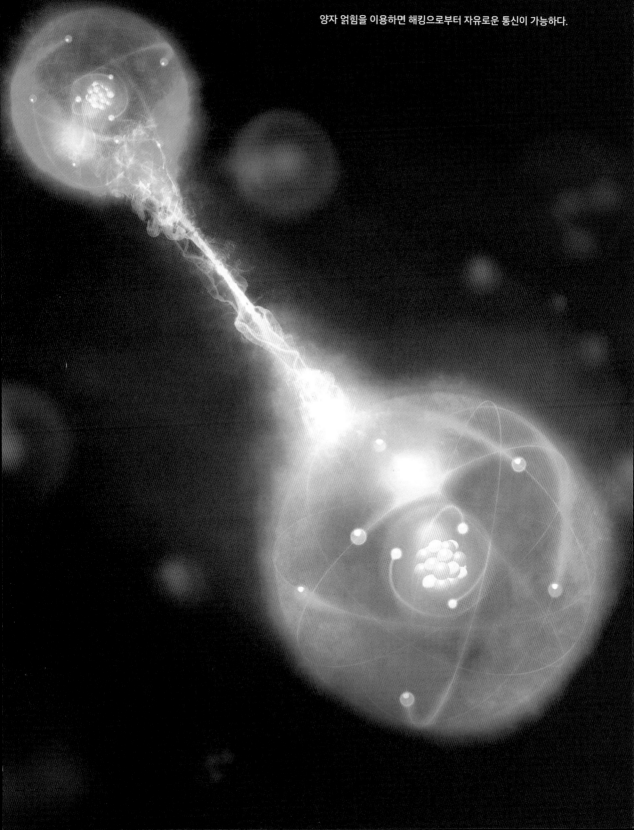

양자 얽힘을 이용하면 해킹으로부터 자유로운 통신이 가능하다.

방금 말한 것처럼, 빛 알갱이 쌍을 이용한 양자통신 거리는 수백 킬로미터 정도다. 그런데 양자통신 위성은 지표면으로부터 수백 킬로미터 상공을 빙글빙글 돈다. 이 정도 거리라면 얽힘이 풀리지 않은 채로 땅으로 전송될 수 있다. 얽힌 빛 알갱이를 꼭 같은 장소로 다시 보낼 필요도 없다. 양자통신 위성을 이용하면 발신지로부터 수천 킬로미터 떨어진 곳으로도 정보를 보낼 수 있다.

그럼에도 불구하고 솔직히 지금껏 양자통신은 지역통신에 불과했다. 이론상으로 가능하다고 실제로도 무조건 가능한 것은 아니니까 말이다. 하지만 이제 곧 국제 통신이 가능해질지도 모른다. 2018년 묵자호는 쌍으로 얽힌 빛 알갱이 중 하나를 중국 베이징, 다른 하나를 오스트리아 빈으로 보냈다. 7,600킬로미터나 떨어진 곳으로 빛 알갱이 쌍을 무사히 보냈으니 묵자호는 양자통신의 거리 제한을 10배 정도 확장한 셈이다.

이런저런 이유로 현재 여러 나라와 기업이 양자통신의 매력에 흠뻑 빠져 있다. 이미 금융은 지역 양자통신 시험 단계에 들어섰다. 벌써 2004년 오스트리아의 한 은행에서 빈 시청과의 양자 암호통신에 세계 최초로 성공했다. 한국의 경우에도 이동통신 3사가 양자통신 기술 개발에 박차를 가하고 있다. 특히 SK텔레콤은 2021년 양자암호 시험용 위성을 쏘아 올려 2022년에는 글로벌 양자암호 네트워크를 구축할 계획을 가지고 있다. 아직은 낯설게만 느껴지지만 시간이 좀 더 지나면 평범한 우리도 양자통신으로 인터넷을 이용하는 날이 올 것이다. 어쩌면 그날은 그렇게 멀지 않을 수도 있다.

빛은 우주에서 가장 빠르다. 적어도 알려진 우주 안에서는 그렇다. 태양 둘레를 도는 행성도, 하늘을 가로지르는 혜성도 모두 빛보다는 느리다. 그렇다면 인류는 빛의 속도를 어느 정도까지 따라잡았을까? 인류가 만든 가장 빠른 우주선이 이제 간신히 20% 정도 따라잡았을 뿐이다. 사실 빛의 속도는 우리의 근본적인 한계다. 우주에서 어떤 것도 빛보다 빠른 속도로 움직일 수 없다. 우리의 기술이 아무리 발전해도 빛보다 빠른 우주선을 만들 수 없다는 뜻이다. 그런데 2011년 9월 어쩌면 그렇지 않을 수도 있다는 가능성이 발견됐다.

세상에 빛보다 빠른 것이 있을까? 알버트 아인슈타인Albert Einstein에게 이 질문을 하면 단언컨대 "없다"고 답할 것이다. 상대성이론의 핵심이 세상에 빛보다 빠른 것은 없다는 것이기 때문이다. 그런데 2011년 9월 상대성이론을 뒤집는 충격적인 결과가 발표됐다. 당시 이탈리아 그란 사소Gran Sasso 국립 연구소에서는 움직이면 특성이 바뀌는 중성미자neutrino를 연구하고 있었다. 북서쪽으로 730킬로미터 떨어진 유럽 원자핵 공동 연구소 CERN에서 대형 강입자 충돌기 LHCLarge Hadron Collider로 중성미자를 쏘아 보내면, 단단한 고체물질과 거의 상호 작용하지 않는 중성미자는 땅속 바위를 거침없이 통과하며 그란 사소 국립 연구소로 날아갔다.

중성미자는 쭉쭉 날아가 그란 사소 국립 연구소에 예상보다 600억분의 1초 더 빨리 도착했다. 우리에게는 600분의 1초가 차

빛이 우주에서 가장 빠르다는 가정 위로 아인슈타인은 그의 이론을 쌓아 올렸다.

이를 전혀 느낄 수 없는, 말 그대로 찰나의 시간이지만 중성미자를 연구하던 물리학자들에게는 엄청난 차이였다. 중성미자가 빛보다 0.002% 더 빠르다는 것을 의미했기 때문이다. 믿을 수 없는 결과에 과학자들은 혹시 모를 오류를 찾아 연구 과정을 샅샅이 뒤졌지만 아무것도 찾아내지 못했다. 그란 사소 국립 연구소에서는 전 세계 과학자 중 누구 하나라도 이게 어떻게 된 일인지 설명해주길 바라는 마음으로 2011년 9월 "빛보다 빠른" 중성미자를 세상에 알렸다.

사실 과학자들은 우리가 아직 밝혀내지는 못했을 뿐, 빛보다 빨리 움직이는 아원자 입자들이 어디에인가 발이 묶여 있을지도 모른다고 은밀하게 기대한다. 빛의 속도가 우주의 근본적인 한계가 아닌 아직까지 인류가 넘지 못한 장벽이길 남몰래 고대하는 것이다. 과학자들은 이 미지의 입자에 이미 타키온tachyon이라고 이름도 냉큼 붙여버렸다. 만약, 아주 만약에 타키온이 존재한다면, 그야말로 판도라의 상자가 열리는 셈이다. 아인슈타인은 절대로 불가능하다고 단언한 과거로의 시간 여행도 가능해질지 모른다.

우리의 일상이 뒤죽박죽될지도 모른다는 걱정은 뒤로한 채, 일부 물리학자는 중성미자가 타키온일지도 모른다며 흥분을 감추지 못했다. 다른 물리학자들은 이 실험 결과가 틀렸으리라 짐작하면서도 한편으로는 맞기를 바랐다. 이상하게 들리겠지만, 과학자들은 원래 잘 알려진 과학 이론의 예측이 틀릴 가능성에 더 열광한다. 그리고 오늘날 우주의 특성을 정확히 예측하기 위해서 시간을 증명한 아인슈타인의 상대성이론보다 더 잘 알려진 이론은 없다.

결과적으로 아인슈타인은 여전히 옳았다. 2012년 3월, 기존 실험에서 시간 측정 장치에 문제가 있었다는 것이 밝혀졌기 때문이다. 기계에 광섬유가 제대로 연결되지 않아, 실험에서 사용한 초정밀시계 하나에 문제가 있었다. 시계가 정상적으로 작동하자, 중성미자가 다시 예상했던 속도로

2011년 이탈리아 그란 사소 국립 연구소의 물리학자들은 중성미자 실험 결과를 놓고 당혹감을 감추지 못했다.

날아다녔다. 게다가 2016년, 그간 존재만 알려졌을 뿐 한번도 검출하지 못했던 중력파 검출에 성공하면서 아인슈타인의 이론은 다시 한 번 입증됐다.

　2011년, 우리는 우리 우주와 다른 물리 법칙이 작용하는 새로운 세상을 들여다볼 뻔했으나 결국 해프닝으로 끝나버렸다. 이제 그 문은 다시 굳게 닫혔다. 물리학자들은 현대 과학에서 가장 중요한 이론에 저항하는 도전자를 물리치고 그들의 과학을 지켜냈지만 어쩐지 생각할수록 기운이 빠지는 결과다.

드디어 빛의 비밀을 밝혀냈다고?

전통적인 물리법칙에 따르면 1 더하기 1은 2다. 하지만 양자법칙에 따르면 1 더하기 1은 1일 수도 있고, 다른 무엇일 수도 있다. 전통적인 물리법칙은 명백하기 그지없지만, 이와 달리 양자법칙은 기이하기만 하다. 그런데 전통적인 물리법칙과 기이한 양자법칙을 동시에 따르는 신기한 물질이 있다. 바로 빛이다. 도대체 빛의 정체는 무엇일까? 그러던 2015년 3월 2일, 그때까지 누구도 본 적 없던 빛의 사진이 공개됐다. 사진 속의 빛은 전통적인 물리법칙과 기이한 양자법칙을 동시에 따르고 있었다.

위대한 과학자 아이작 뉴턴 Isaac Newton 은 빛이 말도 안 되게 작은 테니스공처럼 생긴 입자라고 말했다. 반면 만만치 않게 위대한 과학자 토머스 영 Thomas Young 은 실험 뒤 빛이 호수에서 출렁이는 잔물결처럼 공기 사이를 퍼져나가는 파동이라고 주장했다. 왜 이런 일이 벌어졌을까? 지난 수백 년 동안 빛이 완벽히 다른 방식으로 행동하면서 물리학자들을 괴롭혀왔기 때문이다. 이런 빛의 성질 때문에 입자-파동의 이중성 wave-particle duality 이라는 유명한 개념도 생겨났다.

20세기에 양자물리학이 등장하면서 물리학자들은 빛이 입자인 동시에 파동이라는 사실을 알게 됐으나 아무리 애써도 입자인 동시에 파동인 빛의 모습을 보기는 불가능했다. 하이젠베르크의 불확정성 원리 Heisenberg's uncertainty principle 에 따라 아원자 입자 크기의

빛은 파동처럼 행동한다.

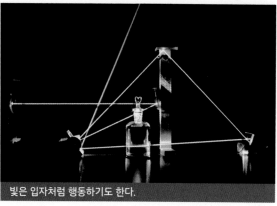
빛은 입자처럼 행동하기도 한다.

미시 세계에서 두 물리량을 동시에 정확히 측정하기란 불가능하기 때문이다. 작은 테니스공을 바라보듯 빛 알갱이가 입자처럼 지나가는 모습을 볼 수는 있지만, 혹은 잔물결을 지켜보듯 빛 알갱이가 다른 빛 알갱이와 상호 작용하며 만들어내는 복잡한 파동 무늬를 볼 수도 있지만, 동시에 둘 다 볼 수는 없는 것이다. 그런데 2015년 스위스 로잔de Lausanne 공과대학교의 파브리치오 카르본Fabrizio Carbone 연구단은 이를 사진으로 찍어냈다. 아쉽게도 빛의 입자-파동 이중성을 측정하지는 못했지만 말이다. 연구단은 아주 짧고 가느다란 은선에 밝은 빛을 쏘았다. 은선 표면에 사로잡힌 빛이 은 전자와 짝을 이루자 '표면 플라스몬 폴라리톤'surface plasmon polariton이 만들어졌다. 표면 플라스몬 폴라리톤이 된 빛은 수족관 수면이 물결에 출렁이듯 은선을 물결처럼 위아래로 출렁이게 만든다. 빛이 파동처럼 행동하는 것이다.

일단 은선이 출렁이면, 이번엔 전자를 은선에 쏜다. 전자는 은선을 출렁이게 하는 빛으로부터 에너지를 흡수한다. 전자가 빛 에너지를 흡수하는 방식은 스펀지가 물 빨아들이듯 쏙이 아니라, 컵으로 물을 마시듯 덩어리로 꿀꺽이다. 어떤 전자는 빛 에너지 한 뭉치를 얻고, 어떤 전자는 두 뭉치, 어떤 전자는 세 뭉치를 얻는다. 이렇게 숫자를 늘려나가다 여덟 뭉치를 얻는 전자도 있다. 단순한 파동은 에너지를 이렇게 뭉치로 주지 못하지만, 양자화된 입자는 에너지를 뭉치로 줄 수 있다. 전자가 에너지를 뭉치로 흡수하는 건 은선과 결합한 빛이 입자처럼 행동한다는 뜻이다. 마치 실에 꿴 구슬처럼 빛 알갱이가 한 줄로 나란히 행동하는 셈이다.

연구단은 이러한 두 가지 특성을 동시에 잡아낸, 매우 독특한 사진을 찍을 수 있었다. 다음 사진의 전체 모습을 보면 왼쪽 아래에서 오른쪽 위로 알록달록하고 넓은 리본이 펄럭이는 듯 보인

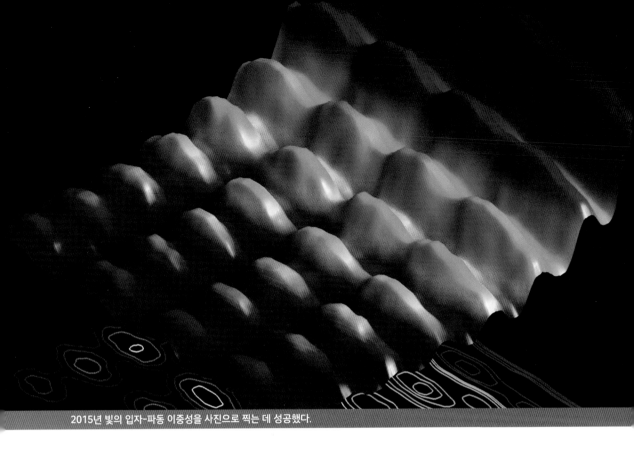

다. 먼저 오른쪽 위에 솟아오른 보라색 산마루를 보자. 은선이 이 산등성이를 타고 오른쪽 아래에서 왼쪽 위로 출렁인다고 생각하면 된다. 4개의 산봉우리는 은실에 갇힌 빛이 파동처럼 물결치는 모습이다. 그다음 보라색 산등성이와 나란히 늘어선 7개의 다른 산등성이 보라. 산등성이 하나가 은사 하나다. 앞서 전자가 빛으로부터 에너지를 뭉치로 흡수한다고 이야기했다. 에너지 뭉치를 몇 개 받느냐에 따라 은선은 다른 모습으로 보인다. 보라색 산등성이는 전자가 에너지 뭉치를 하나 받은 모습, 남색 산등성이는 전자가 에너지 뭉치를 2개 받는 모습이다. 빨간색 산등성이는 전자가 에너지 뭉치를 8개 받는 모습이다. 8개의 산등성이는 실에 꿰어 나란히 늘어선 빛 알갱이의 모습이다. 이 사진은 결국 은선 사진 8개를 한 번에 모아 보여준 것과 다름없다. 은선이 다른 에너지 준위에서 어떻게 보이는지를 표현한 것이다. 아무리 봐도 이상하다고? 아까도 말했듯이 원래 양자물리학의 세계에서 빛은 우리 눈에 익숙한 모습이 잃어버리고, 매우 괴상하게 행동한다.

원자는 물질을 만드는 기본 입자다. 우리 눈에 절대 보이지 않는 아주 작은 원자가 이리저리 모여 이 세상의 모든 것을 만들어낸다. 그렇다면 우주에는 원자가 몇 개나 있을까? 아직 다 밝혀내지는 못했지만, 쿼드릴리언 비진틸리언만큼 있으리라 짐작한다. 쿼드릴리언 비진틸리언은 1 뒤에 0을 80개 붙인 어마어마하게 큰 숫자다. 그냥 셀 수 없이 많다라는 말만으로는 형용이 불가능한 수준이다. 그런데 여기서 문제가 하나 발생한다. 이게 말이 안 된다는 문제다. 우주에 물질이 많은 게 왜 말이 안 되냐고? 바로 반물질 때문이다.

어떤 과학자들은 있는 것보다 없는 것에 흥미를 느낀다. 예를 들어, 뇌과학자들은 뇌의 한 부분이 없지만 건강하게 잘 사는 사람들을 연구하며 인간의 뇌가 상황에 얼마나 유연하게 적응하는지 알아냈다. 또한 연구를 통해 인간 유전체의 90%는 아무 쓸모가 없을지도 모른다고 밝혔다. 이 덕분에 생물학자들은 진화를 새롭게 이해할 계기를 얻었다.

우리 우주를 이해하기 위해서도 있는 것이 아니라 없는 것을 이해할 필요가 있다. 바로 반물질이다. 물리학자들은 우주의 모든 물질이 대폭발 Big Bang과 함께 생겨났으며, 동시에 같은 양의 반물질이 생겨났다고 생각한다. 반물질은 질량과 에너지가 같지만 전기 성질이 정반대인 물질이다. 그리고 물질과 만나면 빛을 뿜어내며 흔적 없이 사라진다. 이런 현상을 쌍소멸이라고 한다.

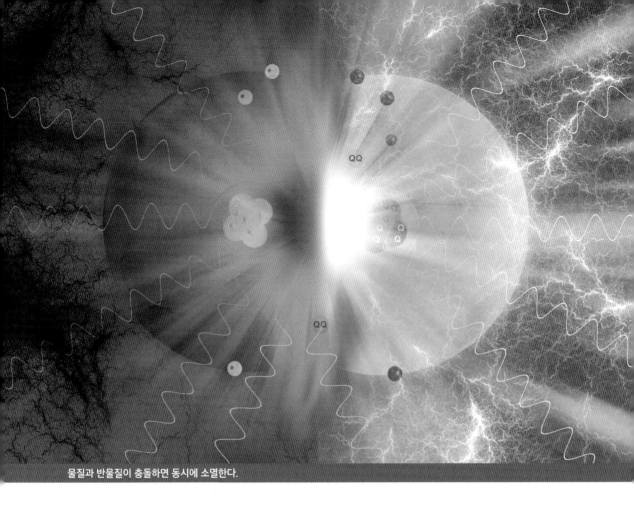

물질과 반물질이 충돌하면 동시에 소멸한다.

　자, 이제 이런 의문이 발생하지 않는가? 물리학자들의 짐작대로라면, 초기 우주에서 물질과 반물질은 끊임없이 생겨나고 쌍소멸로 인해 끊임없이 사라졌을 것이다. 이 과정을 반복한 끝에 현재 우리가 아는 우주에서 반물질은 거의 모두 사라져 없어졌는데, 물질은 어떻게 남아 있는 것일까? 어떻게 물질, 그러니까 원자만 남아서 별과 행성과 인간을 만들었을까?

　과학자들은 반물질 연구를 통해 대폭발 이후 어떤 특이한 일이 벌어졌으리라 추론했다. 가장 큰 지지를 얻은 설명은 반물질의 행동이 물질과 다르다는 주장이다. 물질과 반물질은 특성이 아주 조금 다른데, 그 차이가 똑같은 양의 물질과 반물질이 존재하던 우주를 물질의 양이 조금 더 많은 우주로 만들었다는 것이다. 이 가설에 따르면, 물질과 반물질은 계속 충돌하며 사라지지지만 최후에는 물질이 약간 남게 된다. 이 약간 남은 물질이 쿼드릴리언 비진틸리언만큼의 원자를 만들어 우주를 꽉 채워 넣었다는 것이다.

과학자들은 10년이 넘게 물질과 반물질의 행동이 다르다는 단서를 찾았다. 그중에는 중성미자에 대한 연구도 있다. 우주에서 중성미자가 매우 중요한 존재로 받아들여지기 때문이다. 대폭발 이론에 따르면, 중성미자는 대폭발이 일어나자마자 우주배경복사와 함께 생겨나 아직까지도 붕괴되지 않고 우주를 떠돌고 있다. 게다가 우리 우주에서 가장 풍부한 입자이니 중성미자를 연구하면 물질과 반물질의 행동 차이를 알 수 있을지도 모른다. 이것이 여러 물리학 연구소에서 중성미자를 연구하는 이유다.

전자, 뮤온, 타우 총 3종으로 구분되는 중성미자의 가장 기이한 특징은 세 가지가 서로 성질을 바꾼다는 점이다. 입자 검출기 안에서 중성미자를 만들어 수백 킬로미터 떨어진 다른 연구소로 쏘아 보내면 다른 중성미자로 성질이 바뀌는데, 이런 현상을 '진동'이라고 한다. 진동 현상은 1998년 일본 도쿄Tokyo 대학교의 중성미자 관측 기계인 슈퍼 카미오칸데Super-Kamiokande detector 실험으로 밝혀졌다. 이 연구로 도쿄 대학교 우주선 연구소 소장 겸 교수인 가지타 다카아키Kajita Takaaki 교수는 2015년 노벨상을 받았다. 그 후로도 중성미자 연구는 계속됐다. 2011년에는 중성미자 연구가 온갖 과학 뉴스의 머리글을 장식하기도 했다. 알버트 아인슈타인Albert Einstein의 상대성이론과 달리 중성미자가 빛보다 빠르게 이동한 것처럼 보였기 때문이다. 뭐, 결국 연구 결과가 잘못된 것으로 밝혀지면서 해프닝으로 막을 내렸지만 말이다.

그동안 과학자들이 열심히 연구했지만, 물질과 반물질의 차이는 너무 미묘해서 우주가 물질로만 채워진 이유를 설명하기는 역부족이다. 그렇지만 2016년 일본에서 발표된 중성미자의 성질 변환에 관한 연구 결과로 그 이유를 조금이나마 설명할 수 있을 것 같다. 일본 연구단은 수년 동안 양성자 가속기 연구소J-PARC에서 300킬로미터 떨어진 슈퍼 카미오칸데로 중성미자와 반중성미자를 쏘아 보냈다. 물질과 반물질이 전기 성질 외에 다른 모든 것이 같다면, 이러한 진동 현상도 똑같이 보여야 하지만 실험 결과는 달랐다. 중성미자는 32개, 반중성미자는 오직 4개만이 성질이 변했다. 굳이 물리학자가 아니더라도, 32개가 변한 것과 4개가 변한 것은 아주 다른 결과임을 쉽게 알 수 있다.

중성미자와 반중성미자는 다르게 행동하는 것처럼 보인다. 그렇다면 우주가 처음 생겨났을 때 물질과 반물질은 다르게 행동했던 건 아닐까? 이 같은 행동 차이로 인해 우리가 아는 우주 대부분이 물질로 채워진 것은 아닐까? 확신을 가지기에 중성미자와 반중성미자를 모두 합쳐 36개가

물질과 반물질의 성질 차이로 인해 우리 우주가 존재할 수 있었을지도 모른다.

진동한 실험 결과만으로는 자료가 턱없이 부족하다. 지속적인 연구가 필요한데, 안타깝게도 일본에서의 실험은 2020년까지로 예정됐다. 반물질의 수수께끼를 풀 실험 결과를 모으고, 통계적 의미를 설명하기엔 시간이 빠듯하다. 게다가 다른 곳에서 진행하는 중성미자 실험에서도 그 수수께끼를 풀릴 낌새가 보이지 않는다. 우주의 비밀을 풀 열쇠는 아직 멀리 있는 듯하다.

입자물리학은 우주의 궁극적인 구성 물질 '입자'를 연구한다. 이때의 입자는 파동과 입자 이중성을 지닌 양자역학적 입자로 상식적인 의미의 '입자'와는 다르다. 이 입자는 아주 작은데, 얼마나 작은가 하면 입자물리학이 모든 학문 분야 중에서 가장 작은 세계를 탐구하는 학문일 정도로 작다. 가장 작은 세계를 탐구하기 때문에 높은 에너지가 필요해서 고에너지 물리학이라고도 불린다. 가장 작은 세계를 탐구하는 일이랑 에너지가 무슨 상관이냐고? 우주가 처음 탄생하던 순간을 떠올려 보라.

우리의 세계는 원자로 이뤄져 있다. 그러니까 인간을 포함한 생명체와 생명이 없는 무생물까지, 모든 물질은 잘게 쪼개면 원자 단위까지 나눌 수 있다. 지구는 물론 우주를 구성하는 기본 단위가 원자인 셈이다. 그렇지만 원자가 제일 작은 단위는 아니다. 원자는 다시 양성자, 중성자, 전자인 '아원자' 입자로 나뉜다. 이 중 양성자와 중성자는 더 작은 종류의 아원자 입자, 쿼크quark로 구성된다.

사실 아원자 입자는 양성자, 중성자, 전자 외에도 그 종류가 아주 많다. 바로 이게 우주를 연구하는 과학자들을 미치고 팔짝 뛰게 만드는 원인이다. 현재까지 알아낸 입자들이 우주 전체의 15%만 설명하기 때문이다. 나머지 85%는 불가사의한 '암흑물질'dark matter이다. 암흑물질은 까만 물질이 아니라 아직 우리가 잘 모르지만, 있을 것으로 짐작되는 물질이다. 그러니까 우리는 아직 우주의 85%가

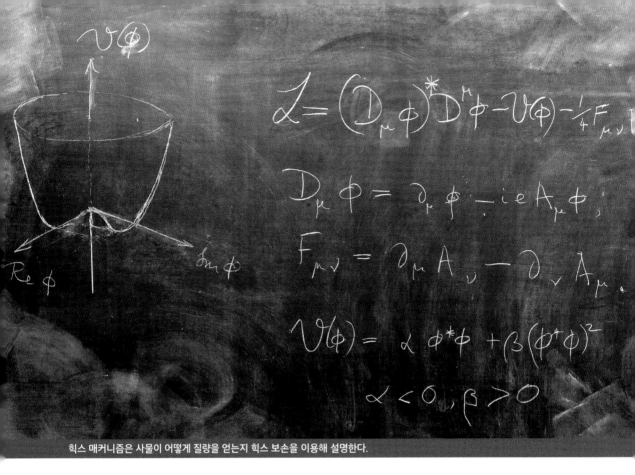

힉스 매커니즘은 사물이 어떻게 질량을 얻는지 힉스 보손을 이용해 설명한다.

무엇으로 이뤄졌는지 전혀 모르는 셈이다.

우주를 제대로 설명하기 위해서는 암흑물질 입자와 온갖 종류의 다른 입자가 있어야만 한다. 이에 물리학자들은 아원자 입자를 모조리 밝혀내고 알아내려 노력하고 있다. 어떻게 알아내냐고? 비싸고 커다란 입자 충돌기를 만들어 양성자 같은 아원자 입자를 집어넣고 빠른 속도로 충돌시키면 아주 작은 점에 에너지가 모이면서 찰나나마 우주가 처음 탄생하던 때와 같은 환경이 다시 만들어지는데, 그때 잠시나마 모습을 드러내는 아원자 반입자들을 연구하는 것이다.

이 이야기에 빠질 수 없는 것이 스위스와 프랑스를 경계에 있는 유럽 원자핵 공동 연구소 CERN의 대형 강입자 충돌기 LHC Large Hadron Collider다. LHC는 가장 클 뿐만 아니라 최근에 만들어진 입자 충돌기로써 2012년 힉스 보손 Higgs boson을 찾아낸 것으로도 유명하다. 힉스 보손은 피터 힉스 Peter Higgs가 1964년 10월 물리학 학술지에 논문을 발표하면서 처음 그 개념을 드러냈다. 이 논문에 따르면 힉스 보손은 다른 입자들에 질량을 부여하고 사라지는 입자이다. 우주 탄

LHC는 건축 기간만 10년이 걸렸다.

생 초기에 힉스 보손으로 형성된 장場, field이 기본 입자들과 상호 작용을 했는데, 저항의 정도에 따라 기본 입자들이 저마다 다른 질량을 갖게 되었다는 것이 이 논문의 가설이었다. 세른에 이어 일본 도쿄 대학교와 고에너지 가속 연구 기관 등이 참여한 국제 연구팀도 2013년 힉스 보손을 발견하면서 피터 힉스는 같은해 노벨상을 받았다. 힉스 보손의 발견으로 인해 아원자 입자들의 상호 작용을 설명하는 '표준 모형' Standard Model의 빈자리가 채워졌지만, 아쉽게도 표준 모형이 우리 우주의 모든 것을 알려주기엔 역부족이다. 아까도 말했지만, 현재까지 알아낸 입자들은 우주 전체의 15%만 설명한다.

지금껏 우주 구성 입자 중에 우리가 찾아내지 못한, 새로운 입자의 모습을 짐작하는 이론이 쏟아졌다. 그러다 2015년 세른에서 잇달아 LHC를 이용한 대규모 실험이 벌어졌다. 그중 두 실험 결과에서 아무도 예측하지 못하던 새로운 아원자 입자의 존재 증거가 발견됐다. 입자물리학계는 발칵 뒤집혔고, 전 세계의 물리학자들이 열광했다. 새롭게 발견한 아원자 입자의 정체와 의미를

중성미자의 성질을 밝히는 실험을 통해 물리학의 새로운 발견을 이뤄냈다.

밝히기 위해 과학 논문이 쏟아졌다. 흥분과 열기는 한껏 치솟았다. 그러다 찬물을 끼얹은 듯 소란이 가라앉았다. 과학자들이 문제의 두 실험 결과를 계속 분석한 결과, 2016년 8월 수수께끼 같은 입자의 존재 증거가 보기 드문 통계적 비정상에 불과하다는 것이 밝혀진 것이다. 동전을 던졌는데 앞면만 나오는 아주 드문 확률의 일이 일어난 것이었다.

지금 입자물리학자들은 무엇을 하고 있을까? 현재 이론 검증을 위해 사용할 수 있는 유일한 수단인 입자 충돌기 실험은 벽에 부딪혔다. 앞으로 몇 년은 더 가동할 예정이기에 어느 날 갑자기 LHC가 새로운 입자가 발견했다는 깜짝 뉴스를 발표할지도 모르지만, 2017년을 기준으로 그런 일은 일어나기 힘들다. 이론으로 예측한 입자 가운데 남아 있는 것들을 찾아내려면 현재 LHC가 만들어내는 것보다 더 높은 에너지 환경이 필요하기 때문이다. LHC로서는 이미 아원자 입자를 찾아낼 만큼 다 찾아냈다는 뜻이다. 새로운 입자를 찾아내 기존의 이론적 예측을 확인하는 일은 점점 더 어려워지고 있다.

그렇다고 실망하기는 이르다. 기존의 발견을 수정하면서 새로운 사실을 알아내는 경우도 있으니까 말이다. 일례로, 이미 발견한 아원자 입자의 행동이 예측과 달랐다. 바로 중성미자^{neutrino}가 그렇다. 이제껏 과학자들은 중성미자가 질량이 전혀 없이 마치 유령처럼 스르륵 움직인다고 생각했다. 그런데 1990년대 후반, 아주 미세하지만 질량이 있는 것을 확인했다. 공간을 날아다니며 상태가 변하는 중성미자를 설명하려면, 중성미자는 반드시 질량이 있어야 했다. 아직까지 새로운 입자를 찾아내지는 못했지만, 이미 발견한 중성미자를 연구하여 표준 모형을 확장하고, 일부 암흑물질 정체도 밝혀냈다. 우리는 우주의 비밀로 한 걸음씩 천천히 다가서고 있다. 아직 까마득히 멀어 보이기는 하지만.

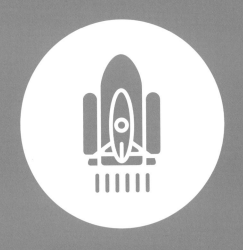

4 우주과학

우주 재난으로 인류가 멸망할 거라고?

인류는 지금껏 다양한 방식으로 종말을 예상해왔다. 대지진이나 홍수 같은 자연재해부터 핵폭발처럼 인류가 일으키는 재해까지. 종말의 시나리오는 다양했다. 그중에는 우주인이 쳐들어온다거나 지구가 떠돌이 소행성과 부딪친다는 시나리오도 있었다. 사실 칠흑같이 어두운 우주에는 쥐도 새도 모르게 지구를 쓸어버릴 무시무시한 무기가 진짜 도사리고 있다. 2013년에는 이 끔찍한 무기가 지구를 조준하고 있다는 흉흉한 소문이 인터넷을 뜨겁게 달궜다. 우리는 언제까지 푸른 별 지구에서 살 수 있을까?

2008년, 호주 시드니 Sydney 대학교의 천문학자 피터 터트힐 Peter Tuthill 연구팀은 지구로부터 8천 광년 떨어진 WR 104 항성계를 연구했다. 이 항성계에 존재하는 3개의 별 중 하나는 나이도 많고 크기도 엄청 컸는데, 이런 별들은 중심 핵이 붕괴되면서 폭발할 위험이 있다. 여기서 문제! WR 104 항성계의 문제는 무엇이었을까? 바로 이 별이 폭발 일보 직전이라는 점이다. 이 별이 폭발하면 적은 확률이지만 감마선 폭발 위험까지 있었다.

감마선 폭발의 위험은 핵폭발과 비교조차 할 수 없다. 만약 감마선이 폭발하며 내뿜는 방사선이 퍼지지 않고 한데 모이면 얇은 광선 형태로 레이저처럼 쭉쭉 뻗어나갈 것이다. 그게 하필 지구 방향이라면? 우선 지구 대기층의 오존층이 파괴되고, 암 유발 요소인 자외선을 막아줄 오존이 사라지면 지구 생명체들은 죄다 죽어버릴

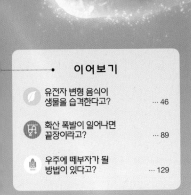

오르도비스 말기에 많은 해양생물이 멸종했다. 감마선 폭발에 휩쓸려 사라졌을지도 모른다.

것이다. 그러니까 감마선 폭발이 일어나면 어마어마한 방사선 돌풍이 불어와 지구의 공기층을 날려버리고, 우리가 아는 생명체가 대부분 죽을지도 모른다는 이야기다.

걱정을 안 할 수가 없게도, 터트힐 교수는 감마선 광선의 방향이 너무나 지구 쪽이라고 주장했다. 별의 위치가 영 좋지 않다는 것이었다. 여기에 더해 2013년 하와이 W.M. 켁Keck 천문대의 천문학자 그랜트 힐Grant Hill은 이 같은 감마선 폭발이 50만 년 이내에 일어날 것이라 예측했다. 늦어도 50만 년 뒤, 운이 없다면 훨씬 더 빠른 시기에, 감마선 폭발 때문에 방사선 돌풍이 일어나 지구 생물들이 멸종할 수도 있다는 예측이었다.

천만다행으로 WR 104의 방향이 정확히 지구 방향 쪽 아니라고 한다. 감마선 폭발이 일어나도 그 영향은 지구를 살짝 빗겨나간다는 것이다. 그렇다고 안도의 한숨을 내쉬기는 아직 이르다. 지구가 절대 감마선 폭발 안심 지역이 아니기 때문이다. 45억 4만 년의 역사 속에서 지구도 여러 번 감마선 폭발을 겪었을지도 모른다.

커다란 소행성이 날아와 꽉 부딪혀도 지구는 쑥대밭이 된다.

2014년 이스라엘 히브리 Hebrew 대학교의 츠피 피란 Tsvi Piran와 스페인 바르셀로나 Barcelona 대학교의 라울 히메네스 Raul Jimenez는 감마선 폭발이 너무나 파괴적이고 자주 일어나 알려진 우주에 있는 은하계의 90%가 생명체가 살 수 없는 황폐한 땅이 됐다고 주장했다. 인류가 그토록 외계 지적 생명체 찾아다녔건만 아무 소득을 얻지 못한 이유가 여기에 있는 걸까? 우리 은하를 포함해도 생명의 가능성이 있는 은하계의 숫자는 아주 적다. 감마선 폭발이 시도 때도 없이 일어나는 곳에서 생명체가 산다는 것은 어림도 없는 일이다. 두 사람은 아주 약간이라도 지구가 우리 은하의 중심부 쪽이었다면 지구 역시 어떤 생명도 살 수 없었으리라 지적한다.

그러나 앞으로 5억 년 정도는 마음을 놓아도 될 듯하다. 2004년 미국 캔자스 Kansas 대학교의 에이드리언 멜롯 Adrian Melott 연구팀은 지구를 휩쓴 마지막 감마선 폭발은 4억 4만 년 전 일어났다고 주장했다. 바로 대멸종을 겪은 때다. 앞에서도 여러 번 언급해 이미 알고 있겠지만 지구에서는 동물이 출연한 이래 최소 열한 차례에 걸쳐 생물이 크게 멸종했다. 그중 가장 큰 멸종이 있었던 다섯 차례를 '대멸종'이라고 부르는데, 대멸종은 6600만 년 전에도 일어났다. 우주를 떠돌던 커다란 돌, 소행성이 지구와 부딪히며 공룡을 멸종시킨 것이다. 고로 감마선 폭발로부터 안전하다고 마음을 푹 놓아서는 안 된다. 우주 재난은 우리의 상상 이상으로 무궁무진하니 말이다.

감마선 폭발과 소행성 충돌 말고 우주 재난이 또 뭐가 있냐고? 예를 들면, 은하 간 항성도 있다. 과학자들이 밝혀낸 바에 따르면, 7만 년 전 은하 간 항성 하나가 태양계 외곽을 지나쳤는데, 이때 인류의 조상이 아프리카를 떠나 지구 곳곳으로 퍼져나갔다고 한다. 결코 좋은 이유로 정든 고향을 떠나지는 않았으리라.

지난 몇십 년간, 사람들은 소행성이라는 말만 들어도 벌벌 떨었다. 어디에서 날아와 지구를 박살낼지 모른다고 생각했기 때문이다. 1990년대에는 이러한 공포를 부채질하는 증거까지 나왔다. 지름 10킬로미터의 소행성이 6600만 년 전 멕시코 걸프만에 냅다 꽂힌 흔적, 칙술루브 크레이터를 발견한 것이다. 거대한 공룡을 지구에서 몽땅 쓸어버린 건 이 소행성이 분명했다. 우주에서는 별 볼 일 없는 부스러기라도 크게 뭉쳐서 떨어지면 지구 생물은 떼죽음을 당하니까 말이다. 그런데 오늘날 이 소행성을 남들과는 다른 시각으로 보는 사람들이 있다.

2013년 2월 지름 45미터의 소행성 2012 DA14이 지구를 스쳐 지나갔다. 심지어 하늘 위에 떠 있는 인공위성보다 안쪽으로 아슬아슬하게 지나쳤다. 이 소행성이 절대 지구와 충돌하지 않는다고 밝혀지기 전까지, 지구 사람들은 난리가 났다. 열두 번째 대멸종이 일어날지도 모르는 상황 아닌가.

그런데 이때 남들과는 다른 이유로 난리가 난 사람들이 있었다. 바로 우주 광부였다. 소행성 2012 DA14가 현대판 노다지였기 때문이다. 이 소행성에는 최신 기술 산업에 꼭 필요하지만, 지구에서는 찾아보기 어려운 금속들이 매장돼 있었다. 스마트폰의 터치스크린을 만드는 인듐indium이나 이어폰과 풍력 발전기 터빈을 만드는 네오디뮴neodymium 같은 몇 년 사이에 구하기 힘들어질 희귀 금속도 잔뜩 묻어 있었다. 최신 기술로 중무장한 우주 채굴 업체에게 소행

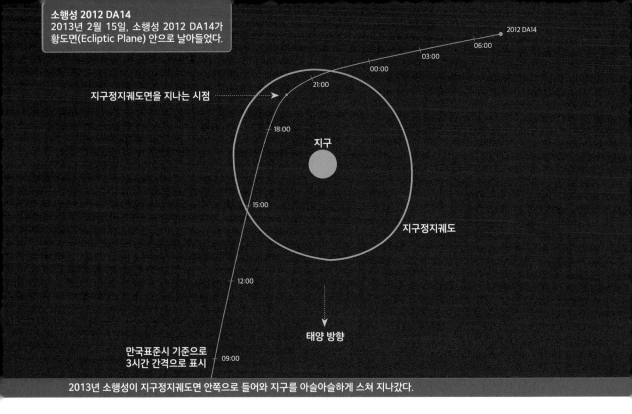

2012 DA14

06:00

03:00

00:00

21:00

지구정지궤도면을 지나는 시점

18:00

지구

15:00

지구정지궤도

12:00

태양 방향

만국표준시 기준으로
3시간 간격으로 표시

09:00

2013년 소행성이 지구정지궤도면 안쪽으로 들어와 지구를 아슬아슬하게 스쳐 지나갔다.

성은 위기가 아닌 기회였다.

딥 스페이스 인더스트리 Deep Space Industries는 소행성 2012 DA14에 매장된 천연자원이 200조라고 계산했다. 하지만 소행성 채굴 기술을 완벽하게 갖추려면 아직 갈 길이 멀었기 때문에 입맛을 쩝쩝 다시며 200조 원짜리 소행성이 스쳐 지나가는 모습을 지켜볼 수밖에 없었다. 우주 채굴이라니 그게 말이 되느냐고 묻는 사람도 있을 것이다. 확실히 몇 년 전까지만 해도, 우주 채굴 사업은 불가능해 보였다. 그러나 2014년 유럽 우주국 ESA European Space Agency의 로제타 Rosetta 탐사선이 추류모프·게라시멘코 Churyumov-Gerasimenko 혜성에 성공적으로 착륙했다. 4킬로미터짜리 혜성에 우주선을 착륙시킬 수 있다면, 다른 혜성이나 소행성에 채굴 우주선을 착륙시킬 수도 있지 않을까? 2017년에는 중동의 부유한 국가들이 소행성의 가치를 깨닫고 우주 채굴 회사에 투자를 시작했다는 소식도 있었다.

그렇다면 우주에서 가장 값비싼 것이 무엇일까? 금? 은? 다이아몬드? 모조리 땡이다. 우주에서 가장 귀한 것은 바로 물이다. 지구에서는 값싼 생필품인 물이 우주에서는 값비싼 귀중품이다.

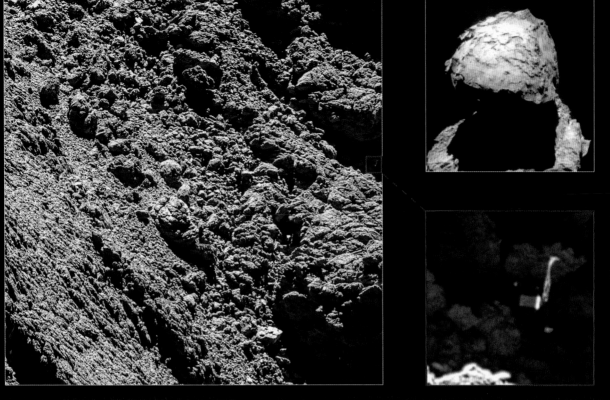

로제타 탐사선은 성공적으로 혜성에 착륙했다.

이유는 단순하다. 지구 밖으로 물을 실어 나르기가 힘들기 때문이다. 같은 물이라도 우주에서는 값이 오른다. 거기다 우주에서 물은 여러모로 쓸모가 많다. 방사선을 막아주는 방패로도 쓸 수 있고, 산소와 수소로 쪼개서 우주선의 연료로 쓸 수도 있다. 무엇보다도 사람은 물을 마셔야 살 수 있다. 우주에서도 말이다. 황무지처럼 바싹 마른 우주에서 물보다 귀한 건 없다. 인류의 우주 탐험이 성공하려면 우선 물 문제부터 해결해야 한다. 그런데 소행성 2012 DA14 물도 65조어치나 있었다.

2015년에는 소행성에서 물을 얻는 현실적인 방안도 나왔다. 빛 채굴 optical mining 이야기다. 얼음 덩어리 소행성을 커다란 봉투에 넣고 태양 빛으로 녹여버린 뒤 물이 든 봉투를 끌고 우주 기지로 가면 된다. 스페이스 X가 개발한 팰컨 9 Falcon 9 로켓 하나만 쏘아 올리면 된다. 고작 물 때문에 로켓을 쏘아 올리는 건 너무 아깝지 않느냐고? 뭘 모르는 이야기다. 우주에서 로켓 한 대 값으로 물을 얻는다면 공짜나 다름없고 생각해야 한다.

다음 정차 역은 화성이라고?

인류가 달에 발을 디딘 지 벌써 50년이 넘었다. 달 다음으로 지구에서 가까운 화성이 다음 목표였지만, 아직도 인류는 화성에 도착하지 못했다. 화성은커녕 달에도 다시 발을 못 디뎌봤으니……. 중국에서 조만간 달에 유인 우주선을 보내겠다고 벼르고 있지만, 아직까진 성공하지 못했다. NASA에서도 2030년쯤 인간을 화성으로 보낼 예정이라고 발표했지만, 아직까지 100% 성공을 장담할 수는 없다. 그럼에도 불구하고 여전히 우주 개발에 대한 열기가 뜨거운 점은 정말 다행이다. 그나저나 도대체 화성에 첫발을 내디딜 사람은 누굴까? 태어나기는 했을까?

🏛

지구생물은 우주에서 살 수 없다. 지금은 지극히 당연한 이 상식이, 어쩌면 100년 후에는 '그런 시절이 있었지'처럼 완전히 뒤집힐 수도 있다. 우주과학자들이 '어떻게 하면 우주에서 살아갈 수 있을까?'를 열심히 연구 중이기 때문이다. 우주선 조종사들이 우리 머리 위의 국제 우주 정거장 ISS International Space Station로 날아가 얼마간 머물면, 지구에서는 관찰 자료를 토대로 생물학자들이 우주에 오랫동안 머문 인간의 건강 변화를 연구한다. 예를 들어, 인간의 장에 사는 미생물들이 우주에서 어떻게 반응하는지 관찰한다. 그리고 현재 미국 항공 우주국 NASA National Aeronautics and Space Administration는 극한 방사선을 맞고도 사람이 살아남을 수 있도록 기구를 개발 중이다. 2030년쯤에 인간을 화성 땅으로 보내겠다며 2014년 공개적으로 발표했기 때문이다. 과학자들은 우주 개척의

지금 화성에서는 자동차처럼 생긴 우주 탐사 로버가 방사능 수치를 측정하고 있다.

역사에서 화성 탐사가 기념비적인 사건이 될 것이라며 호들갑을 떨었다.

　화성 여행은 분명히 아주 특별한 경험일 테지만 아쉽게도 찬물을 좀 끼얹어야겠다. 틀림없이 엄청 지루할 테니까 말이다. 일단 현재 기술로는 화성까지 가는 데만 8개월이 걸린다. 당연히 돌아오는 데도 8개월이 걸린다. NASA는 우주에서의 이렇게 긴 여행이 인간의 정신에 큰 부담을 준다는 걸 잘 안다. 우주로 나가면 좁은 우주선 안에서 몇 안 되는 동료들과 오랜 시간을 보내야 하는데, 자살할 생각이 아니라면 밖으로 나갈 수도 없으니 말이다. 그래서 NASA는 날씨가 추워지면 자신을 냉동시킨 뒤 동면하는 북극 얼룩다람쥐들에게서 착상해 2014년 잠든 채 우주를 여행할 방법을 연구했다. 하지만 인간에게 이 같은 냉동 기술을 적용하기란 쉽지 않고, 현 시점에서는 NASA 또한 진지하게 동면을 고려하는 것처럼 보이지는 않는다. NASA가 가장 진지하게 고려한 것은 우주선을 보다 빨리 만들 방법이었다. 2015년에는 화성까지 날아가는 시간을 반으로 줄일 새로운 추진 기술을 연구한다고도 발표했다.

　비행 시간이 줄어들면 필요한 연료와 필수품도 줄어들어 일거양득이지만, 작은 우주선에 갇혀

하와이 화산의 암석 지대에서 모의 화상 탐사가 이뤄졌다.

있기에는 4개월도 긴 시간이다. 심지어 이 여행은 중간에 그만둘 수도 없다. 어떡해야 할까? 심리학자들은 고민하다 과거 지구에서 실행한 모의 '화성 탐사 우주선'을 들여다보았다. 2010년 6월, 6명의 남자가 모스크바에서 520일간의 모의 화성 탐사를 시작했다. 마치 화성으로 날아가듯이 8개월 동안 가상 우주선에서 시간을 보냈고, 가상 화성에 착륙해 탐험까지 했다. 탐험을 마친 뒤, 가상 우주선으로 돌아와 다시 8개월 동안 지구로 돌아오는 우주 여행을 했다. 여행이 끝난 후에는 설문 조사를 통해 가상 우주인의 심리 상태를 점검하고, 좁은 환경이 스트레스와 우주인 사이에 불화를 일으키는 건 아닌지 조사했다. 다행히 가상 우주인들은 사생활 부족과 좁고 지루한 환경을 잘 견뎌낸 듯 보였다. 이번에는 하와이에서 비슷한 모의 실험이 이뤄졌다. 가상 우주인들은 태양열로 작동하는 반구형 건물에서 1년 동안 '우주 비행'을 했고 2016년 8월에 성공적으로 완료

했다. 가상 우주인들은 이 실험에서 가장 힘든 점으로 지루함을 꼽았다.

이런 모의 실험은 너무 안전해서 현실감이 없다고 지적하는 사람들이 있다. 가상 우주인들은 언제라도 그만둘 수 있었고 그걸 알고 있었다. 만약 문밖에 있는 게 안전한 지구가 아니었다면 그들의 심리 상태는 달랐을까? 그들이 탄 우주 탐사선에 실제로 죽음의 위협이 있었더라면 어땠을까? 가상 화성 탐험이 실제로 극한 환경에서 이뤄진다면 위의 질문에 답할 수 있으리라. 현재 NASA는 남극 기지나 깊은 바닷속 같은 위험한 곳에서 좁은 공간에 갇혀 지낼 때 사람들이 어떤 반응을 보이는지 연구하고 있다. 우리는 계속 실험하며 새롭게 배운다. 하지만 무엇을 알아내든 화성으로 날아갈 유인 탐사선을 발사한다면 그곳에 꼭 심리학자가 있어야 한다.

태양계에 또 다른 행성이 있다고?

1980년대 이후 천문학자들은 3천 개 이상의 행성을 발견했지만 죄다 태양계 밖의 외계 행성이었다. 그런데 2016년, 해왕성의 궤도 바깥, 작은 천체들이 떠다니는 카이퍼 벨트에서 어쩌면 태양계의 막내일지도 모르는 행성이 하나 등장했다. 사실 2006년까지 태양계의 막내 행성은 명왕성이었다. 2006년 국제천문연맹에서 결정된 '행성을 구성하는 세 가지 필수 조건' 중 마지막 조건을 충족시키지 못해 지위를 빼앗기기 전까지는 말이다. 과연 명왕성이 빼앗긴 태양계의 막내 자리를 이 새로운 행성이 차지하게 될까?

2006년 8월 24일, 천문학계에 대 사건이 일어났다. 그때까지 태양계 제9 행성이었던 명왕성이 행성에서 왜행성으로 재분류된 것이다. 사건은 2005년 카이퍼 벨트 Kuiper Belt에서 명왕성보다 30% 큰, 새로운 왜행성 에리스 Eris가 등장하며 시작됐다. 명왕성보다 더 큰 에리스를 태양계 제9 행성으로 정의해야 하는 것 아니냐는 문제가 제기된 것이다. 국제 천문 연맹 IAU International Astronomical Union은 2006년 8월 24일 행성 관련 논쟁 해결을 위한 총회를 진행하고, 행성을 규정하는 세 가지 필수 기본 조건을 정했다.

첫째, 태양을 공전해야 한다. 둘째, 자체 중력으로 원형을 유지할 수 있는 규모(크기)여야 한다. 셋째, 공전 궤도에서 지배적인 역할을 해야 한다.

명왕성이 행성의 지위를 잃은 이유는 세 번째 이유를 충족시키

태양계 끄트머리에 커다란 제9 행성이 정말 있을까? 우리가 찾을 수 있을까?

만약 찾아내면, 태양계 그림을 전부 다시 그려야 할 것이다.

지 못했기 때문이다. 위성이 5개나 있었지만 위성을 지배하기는커녕 위성의 영향을 받고 있었던 것이다. 그런데 태양계 끄트머리 카이퍼 벨트에서 보일 듯 말 듯 아리송한 행성이 나타났다. 질량이 지구보다 10배 무겁고, 지름은 2배 큰 것으로 추정되는 행성이었다.

제9 행성의 존재를 처음 주장한 천문학자들은 미국 캘리포니아California 공과대학교의 콘스탄틴 바티긴Konstantin Batygin과 마이클 브라운Michael Brown이다. 두 사람은 2016년 1월 제9 행성은 분명히 존재한다고 딱 잘라 말했다. 근거는 카이퍼 벨트에서 줄이라도 맞춘 듯 비슷하게 움직이는 얼음덩이들작은 천체 6개였다. 6개의 천체들은 모두 궤도 위에서 태양에 가장 가까운 점(근일점)이 한 곳에 몰려 있었다. 컴퓨터 시뮬레이션은 이 천체들의 이상 행동을 설명하기 위해 커다란 가상 행성의 존재를 가정했다. 이 행성이 중력으로 끌어당기는 탓에 근처의 천체들이 비슷한 궤도로 움직인다고 가정하면 관측 결과가 딱 들어맞았다. 시뮬레이션은 여기에 더해 만약 제9 행성이 있다면 태양계 바깥의 우주 부스러기들이 매우 특징적인 방식으로 움직일 것으로 예측했다. 실제 관측 자료를 들여다본 두 천문학자들의 몸에는 아마 소름 쫙 끼쳤을 것이다. 태양계 바깥 천체들의 움직임이 모두 제9 행성이 있다는 가정과 딱 들어맞았기 때문이다. 이 사실은 많은 과학자의 마음을 사로잡았고, 천문학자들은 어떻게 제9 행성이 생겨났는지 연구하기 시작했다. 과연 제9 행성은 어떻게 생겨났을까? 여기에 대한 흥미로운 대답이 하나 있다. 태양계가 만들어지고

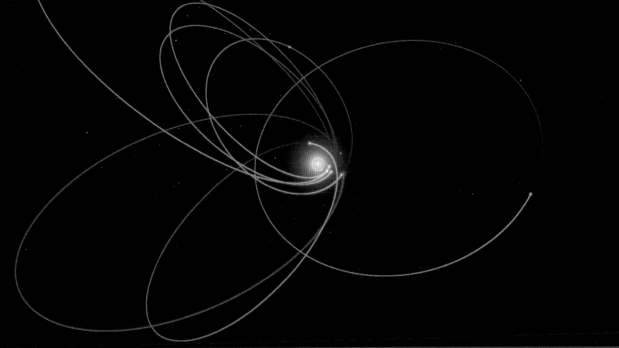

보라색 선을 보면 태양계 가장자리에서 이상하게 줄 맞추기 놀이를 하는 천체들의 존재를 알 수 있다. 9번째 행성의 공전 궤도를 집어넣으면 왜 저렇게 움직이는지 그럴듯하게 설명할 수 있다.

얼마 지나지 않아 다른 항성 주위를 돌던 행성을 훔쳐왔다는 것이다. 이 가상 행성도 따지고 보면 외계 행성이라는 말이다. 오늘날, 어떤 천문학자들은 제9 행성이 태양계의 커다란 수수께끼를 풀어줄 것으로 기대한다. 사실 태양의 자전축은 8개 행성의 공전궤도면에 비교해 약간 기울어져 있다. 만약 제9 행성이 실재한다면 다른 행성들을 끌어당겨 원래의 공전궤도면에서 살짝 벗어나게 했을 수도 있다. 이런저런 정황상, 태양 주위를 도는 제9 행성은 존재하는 것처럼 보인다. 미국 항공 우주국 NASA National Aeronautics and Space Administration는 2017년 10월까지의 연구 결과만 놓고 봤을 때, 제9행성이 존재한다는 증거가 너무 많아서, 제9 행성이 없는 태양계는 상상하기조차 어려울 지경이라고 말했다. 제9 행성이 만약 존재한다면, 아마도 지구처럼 단단한 암석으로 이루어지고 크기는 훨씬 큰 '슈퍼 지구'일 것이다. 천문학 연구에 따르면, 이런 슈퍼 지구형 행성은 태양계보다는 다른 항성계에서 더 흔한 행성의 형태다. 제9 행성이 원래는 외계 행성이었다는 의심이 점점 더 깊어지는 대목이다. 이번에야말로 태양계 가장자리에서 제9 행성을 찾을 수 있는 것일까? 아니면 제9 행성은 태양계로 들어올락 말락 하는 문턱에 아슬아슬하게 걸쳐 있는 것일까?

어쩌면 우리는 고대 이후로 세 번째로, 해왕성 이후로는 170년 만에 새로운 막내 행성을 맞이하게 될지도 모른다. 몇십 년 내에 무인 우주선을 날려 제9 행성을 찾고야 말겠다고 마음먹었으니까 말이다. 관심은 이렇게도 차고 넘치는데, 2017년 이후로는 제9 행성의 모습이 망원경에 도무지 보이지 않는다. 왜 이렇게 찾아보기 힘든 걸까?

첫 번째 이유로는 태양으로부터 멀리 떨어져 있어서 빛을 거의 받지 못한다는 사실을 꼽을 수 있다. 빛을 받아야 반사하고, 빛을 반사해야 우리 눈에 보일 테니 말이다. 우리가 밤하늘에서 제9 행성을 찾지 못하는 이유도 이 때문일 것이다. 그렇다면 제9 행성의 위치를 찾을 방법은 없는 걸까? 천문학자들은 전파에 주목했다. 대폭발 Big Bang의 잔광처럼 미미한 빛도 잡아내는 전파 망원경이라면 제9 행성이 반사하는 희미한 빛(전파)를 추적해 비밀에 휩싸인 이 행성의 위치를 찾을 수 있을지도 모른다고 기대한 것이다. 충분히 가능한 이야기다. 커다란 우주의 처음을 알아내고자 만들어낸 망원경으로 태양계의 마지막 행성을 찾는 일, 이게 바로 과학의 오묘한 맛이다.

별들의 조상님이
아직도 우주에 살아 있다고?

우주에는 언제 첫 별이 생겨났을까? 대폭발을 통해 우주가 처음 탄생했을 때에는 당연히 아직 별이 생기기 전이었다. 존재하지도 않는 우주에 어떻게 별이 존재하겠는가. 그러나 대폭발 이후 수십만 년 동안 우주에서 초기 입자가 만들어지고 서로 부딪쳐 소멸하는 동안에도 별이 없었고, 이후 몇십억 년 동안 캄캄했던 암흑기에도 별은 없었다. 우주의 첫 별은 암흑기가 끝날 무렵 처음 만들어졌다. 그런데 아주 오래전, 언제인지 셀 수도 없을 정도로 오래전에 태어난 이 원시별이 어쩌면 아직 살아 있을지도 모른다며 소동이 한바탕 벌어졌다. 어떻게 된 일일까?

우주는 태어나자마자 순식간에 상상 불가의 크기로 부풀었다. 힉스 보손 Higgs boson이 나타났고, 반물질들이 생겨나자마자 사라졌다. 우주가 탄생하던 순간의 이야기다. 이후 알려진 우주에서 반물질 대부분이 사라졌다. 우주는 계속 팽창하며 조금씩 차가워졌다. 무려 수백 노닐리언*에서 수십억℃로 떨어졌다. 우리가 상상할 수도 없이 뜨겁던 온도가 고작 수천℃에 이르자, 아원자 입자가 뭉쳐 드디어 원자가 생겨났다. 그리고 초기 원소인 수소, 헬륨 그리고 아주 적은 양의 리튬이 생겼다. 그리고 다시 어둠이었다.

길고 긴 암흑기가 끝나고, 우주에서는 첫 번째 별이 태어났다. 천문학자들의 분류에 따르면, 이 첫 번째 별의 후보들은 '제3항성군

---

* 10의 30승. 1조에 1조를 곱하고 다시 100만을 곱한 숫자 표현. 영국에서는 10의 54승을 나타내기도 한다.

138억 년 전 대폭발이 일어났다.

초거대 망원경이 위치한 칠레 북부 아타카마 사막 너머로 달이 지고 있다.

별' Population III stars이다. 제3항성군 별들은 이미 죽어서 없어졌으리라 짐작되는 별들로 우주 초기 원소인 수소와 헬륨, 리튬으로만 이뤄져 있다. 한마디로 초기 원소로만 만들어진 별이었다. 금속 원소는 하나도 들어가 있지 않았다. 금속 원소를 지니고 있지 않다. 참고로 제1항성군은 어린 별로 금속 원소들을 꽤 많이 갖고 있다. 늙은 별들로 이뤄진 제2항성군은 금속 원소들을 지니고 있긴 하지만, 제1항성군과 비교하면 거의 가진 게 없다고 볼 수 있다.

지금부터 이해하기 쉽게 제3항성군 별들, 이를 테면 별들의 조상님을 원시별이라고 부르겠다. 제3항성군은 원시별 무리다. 이 원시별들은 아마 지금 우리가 볼 수 있는 별들과는 성질이 전혀 다르다. 별이라는 게 원래 인간과 비교하면 어마어마하게 크긴 하지만, 그걸 감안하더라도 별 하나하나가 엄청 크고 질량 역시 태양의 수백 배였으리라 짐작된다. 온도도 높았다. 펄펄 끓던 원시별들은 결국 빵 터져버리며 다음 세대를 탄생시킬 물질을 우주에 흩뿌렸다. 마치 씨앗을 뿌리듯이 말이다. 원시별 무리는 생애가 아주 짧았기에 인류는 당연히 살아남은 원시별이 없다고 생각

2015년 천문학자들이 발견한 CR7은 그때까지 찾아낸 은하 중에 가장 밝았다.

했지만, 원래 이 세상에는 별별 일이 다 있는 법이다. 정말 놀라운 일이지만, 살아남은 원시별이 존재할 수도 있다는 증거가 발견됐다! 별들의 조상님 중 일부가 아직도 살아남아 여전히 반짝인다는 증거 말이다.

이 증거의 발견자는 2015년에 포르투갈 리스본 Lisboa 대학교의 데이비드 소브랄 David Sobral 교수가 이끌던 국제 연구단이다. 이들은 유럽 남방 천문대 ESO European Southern Observatory에서 초거대 망원경, VLT Very Large Telescope로 지구에서 가장 멀리 떨어진 은하와 별들을 들여다보다가 유달리 밝은 원시 은하를 발견했다. 이상한 일이었다. 먼 은하는 대체로 어두침침한 법이니까. 천문학자들은 다른 원시 은하들보다 3배 정도 밝은 이 은하에 CR7이라는 이름을 붙였다. 표면적인 뜻은 '우주 적색 이동 7' Cosmos Redshift 7이지만, 숨겨진 뜻도 하나 있다. 사실 CR7은 축구 선수 한 명을 특별히 염두에 두고 지은 이름이다. 바로 크리스티아누 호날두 Cristiano Ronaldo다. 아는지 모르겠지만 크리스티아누 호날두의 별명도 CR7이다. 모르긴 몰라도 연구단의 몇몇 천문학자가 호날두처럼 포르투갈 출신이었던 게 영향을 미치지 않았을까?

CR7은 참 별나다. 유난히 밝은 것도 그렇지만 별빛의 구성, 그러니까 스펙트럼도 별나다. 우주 연구에서 빛의 스펙트럼은 아무리 강조해도 지나치지 않을 만큼 중요하다. 예를 들어, 은하에서 뿜어져 나오는 빛을 잡아다가 스펙트럼을 분석하면 은하의 구성 원소를 알 수 있다. CR7가 발하는 빛을 조사하니, 이 별의 구성 원소 대부분이 수소와 헬륨이었다. 아까도 말했지만, 처음 태어났을 때 우주에는 수소와 헬륨밖에 없었다. 우주에서 처음 생겨난 별이라면 수소와 헬륨으로 이뤄져 있어야만 한다. 다른 무거운 원소는 아직 생기기 전이니 말이다. 덧붙여 우리가 관찰 가능한 은하의 구성 원소는 대부분 산소, 철, 규소 등 우주가 생기고 한참 뒤에 생긴 비교적 무거운 원소들이다. 그런데 CR7의 빛에는 거의 수소와 헬륨만 있다니! 아무리 봐도 CR7에 제3항성군 별이 존재할 가능성이 너무 크지 않은가?

이 질문에 대한 답은 이렇다. 2016년 다른 종류의 망원경을 이용해 CR7를 연구한 결과 CR7을 구성하는 원소 가운데 수소와 헬륨이 아닌 다른 원소가 새로 발견됐다. 아쉽게도 CR7이 원시별이 아닐 가능성이 크다는 뜻이다. 그렇지만 실망하기에는 이르다. 미국 항공 우주국 NASA National Aeronautics and Space Administration가 조만간 제임스 웹 우주 망원경 James Webb Space Telescope을 발사할 예정이기 때문이다. 이 우주 망원경의 힘을 빌리면 지금껏 탐험한 적 없는 깊은 우주를 들여다볼 수 있으리라. 어쩌면 새로운 원시별을 찾아낼 수 있을지도 모른다.

모르는 사람 빼고 다 아는 비밀을 하나 알려주자면, 사실 별들은 규칙적으로 깜빡인다. 그런데 우리 은하 깊숙한 곳에 굉장히 이상한 별이 있다. 반짝이다 멈추다 들쭉날쭉 완전히 자기 멋대로다. 주기적으로 빛의 밝기가 변하는 별, 그러니까 변광성 아니냐고? 절대 아니다. 일단 주기적이지가 않다. 도무지 이해할 수 없는 방식으로 밝아졌다가 어두워진달까. 이 별은 대체 뭘까? 고민하던 과학자들은 혹시 외계 지적 생명체가 건설한 무엇인가가 별빛에 영향을 주는 것은 아닐지 의심하기 시작했다.

2015년, 웬 별 하나가 과학자들을 사로잡았다. KIC 8462852, 발견자의 이름을 따 '태비Tabby의 별'이라고도 불리는 별이었다. 지구로부터 1,280광년 떨어져 맨눈으로는 볼 수 없는 이 별은 19세기에 망원경으로 처음 발견될 때만 하더라도 별관심을 끌지 못했지만, 2015년부터 천문학자들을 완전히 사로잡았다.

과학자들이 태비의 별에 매료된 것은 들쭉날쭉한 별빛 때문이었다. 천문학자와 시민 과학자들은 2009년부터 2013년까지 외계 행성을 찾으려 함께 노력했는데, 이때 태비의 별빛의 들쭉날쭉하다는 사실을 알게 됐다. 사람들은 이 별에 아주 큰 호기심을 느꼈고, 과학자들은 이 현상을 어떻게든 설명하려 애썼다.

태비의 별은 왜 제멋대로 빛의 세기가 줄어들곤 할까? 일반적으로 빛의 세기가 줄어드는 이유는 별과 지구 사이에 무언가가 끼어

N6866

-1

2015년 10월에 찍은 이상한 별 KIC 8462852의 모습.

들기 때문이다. 일식과 월식이 그런 경우다. 무언가 끼어들었으니 빛이 막혀 그 세기가 줄어든 것이다. 2015년에 처음 나온 설명도 태비의 별 앞으로 빽빽한 혜성 구름이 들어서서 빛을 가로막았다는 것이다. 혜성 구름은 크기도 모양도 제멋대로니, 태비의 별빛도 제멋대로인 거라고 설명했다. 과연! 납득할 수 있는 설명이었다. 정말 그랬을까? 결론부터 말하자면 아니었다. 태비의 별은 태어난 지 오래된, 늙은 별이다. 일반적으로 늙은 별 주변에는 빽빽한 혜성 구름이 없다.

이제 어떻게 설명해야 할까? 2015년 후반에 미국 펜실베이니아 Pennsylvania 주립대학교 제이슨 라이트 Jason Write 연구단은 재미있는 설명을 하나 들이밀었다. 외계 문명이 다이슨 구같이 "인공적인 거대 구조물"을 만들어 태비의 별빛을 막았을 가능성이 있다는 것이었다. 별빛이 자연스럽지 않은 이유는 빛이 인공 구조물에 가로막혔기 때문이란 설명이었다.

솔직히 우주의 일을 설명할 때 '외계 문명'은 마지막까지 아껴둬야 할 비장의 카드다. 잘 모르겠다고 걸핏하면 외계 문명을 꺼내 들면 곤란하다. 감마선 폭발 정도의 재앙이 아니고서야 외계 지적 생명체가 뭐 하러 거대한 구조물을 짓겠는가? 커다란 별을 감쌀 구조물을 만들 만큼 발전한 외계 문명의 존재도 상상하기 어렵다. 하지만 태비의 별은 들여다보면 볼수록 해괴했고, 외계 문명 같은 이야기가 그럴듯하게 들리기 시작했다. 너무나 이상한 별이라 과학자들도 설명을 포기하고 고도로 발전한 외계 문명이 사신의 존재를 비쳐 숨기시 못하고 무심코 드러낸 것이 아니냐고

KIC 8462852가 이상한 건 다 혜성 부스러기 때문이라고 말한다면 너무 시시하다.

고도로 발전한 외계 문명이 다이슨 구를 만들어 항성의 에너지를 채취하고 있을지도 모른다.

말한 것이랄까.

도대체 얼마나 이상한 별이길래 이런 난리냐고? 19세기부터 2016년 1월까지의 모든 자료를 모아보니 태비의 별빛은 서서히 줄어들어 대략 15%나 감소했다. 별빛이 이렇게 짧은 기간에 갑자기 줄어들 수는 없다. 인간에게야 어마어마하게 긴 시간이지만, 우주에서는 100년 정도는 거의 눈 깜빡하는 수준이다. 같은 해 8월 연구 결과는 더욱더 놀라웠다. 정말 기괴하게도 태비의 별은 큰 틀에서 빛의 밝기가 15% 줄어들었고, 줄어들면서도 사이사이 밝아지고 어두워지기를 반복했다.

태비의 별에 대한 설명이 '외계 건축물이 가로막았다'만 있는 것은 아니다. 2016년 9월, 일부 과학자들은 지구와 태비의 별 사이에 끼어든 것이 다른 것이라고 주장했다. 외계 지적 생명체보다 훨씬 자연스러운 이유였을 뿐만 아니라, 그럴 듯한 근거도 있었다. 생각해보라. 별이 있으면 행성계도 있다. 그리고 태양계에 소행성대나 카이퍼 벨트 Kuiper Belt가 있듯이 우주 쓰레기가 무리 지어 별 사이를 돌고 있을 가능성도 분명히 있다. 당연히 태비의 별과 지구 사이에 존재하는 넓은 성간 공간 interstellar space에 문자 그대로 우주 쓰레기장이 있을 가능성도 있다. 그렇다. 지구와 태비의 별 사이를 가로막은 것은 우주의 쓰레기더미였을지도 모른다. 쓰레기더미가 규칙적일리 없으니 별빛이 불규칙한 것도 이해가 되는 일이다. 그렇다면 태비의 별은 처음 생각과는 달리 그렇게 이상한 별이 아닐지 몰랐다.

그러던 2017년 10월, 미국 항공 우주국 NASA National Aeronautics and Space Administration는 태비의 별빛은 자외선이 적외선보다 더 흐릿하다고 밝혔다. 이는 먼지로 인해 별빛이 흐려졌을 때 쉽게 관찰할 수 있는 현상으로, 외계 건축물로 인해 별빛이 흐려졌다고 보기는 힘들다고 덧붙였다. 아쉽게도 이제 태비의 별빛은 외계 문명과 아무 상관이 없음이 밝혀졌다. 혹시 모를 기대감으로 외계 문명을 찾던 사람들의 노력은 원점으로 다시 돌아왔다. 지구 입장에서는 이상 증세였으나 결국 태비의 별빛은 자연스러운 우주의 섭리였다.

우리는 이제 어디에서 외계 생명체를 찾아야 할까? 지구 박테리아의 DNA에서 오래전 외계 지적 생명체가 숨겨놓은 메시지를 찾아내지 못한다면, (당연히 거의 가능성 없는 일이다) 생명이 살 수 있는 행성을 뒤지는 게 가장 좋은 선택이 아닐까? 이를테면, 2016년에 발견했고 태비의 별보다 훨씬 가까워서 50년이면 작은 우주선 함대가 도달할 프록시마 b는 어떨까? 그곳에는 어쩌면 생명이 살고 있을지도 모른다.

그렇다고 외계 건축물에 대한 기대가 완전히 사라진 것은 아니다. 2017년 10월 태양계에 등장한 붉은 시가 cigar 모양의 천체 '오무아무아' Oumuamua가 고등한 외계 지적 생명체가 만들어 태양계로 보낸 것일 수 있다는 의견이 2018년 제기됐기 때문이다. 오무아무아는 '먼 데서 온 첫 메신저'라는 뜻의 하와이 원주민 언어에서 따온 단어로, 태양계 내부를 지나간 첫 외계 천체로 관심을 모았다. 미국 하버드 Harvard 대학교 관측소의 에이브러햄 러브 Abraham Loeb와 슈무엘 비알리 Shmuel Bialy 스미스소니언 Smithsonian 천체물리학 관측소의 연구단은 예상대로라면 오무아무아의 속도가 태양을 지나며 줄어들어야 하는데, 오히려 빨라졌다며 태양 빛을 이용해 비행체의 속도를 높이는 '태양 돛' Solar sail의 가능성을 제기했다. 오무아무아의 가속은 태양의 힘 때문이라야 설명이 가능하다고, 그러기 위해선 표면적이 넓으면서도 아주 얇은 몸체가 필요한데, 이건 자연에서는 볼 수 없다는 것이었다.

이 같은 주장에 대한 다른 과학자들의 평가는 아직 냉담하고 반대 의견도 만만치 않지만, 혹시 모르니 오무아무아를 태양계로 날려 보낸 외계 지적 생명체의 존재를 상상해보는 것도 즐거운 일일 것이다. 그렇지만 오무아무아가 무슨 목적으로 태양계에 왔는지는 영원히 의문으로 남을 수도 있으니 이를 통해 우리가 '진짜 외계 생명체'를 만나기는 아무래도 힘들지 싶다.

유리 밀너는 2017년 《포브스》 선정 세계에서 가장 영향력 있는 인물 100인 중 한 명이다. 밀너는 1961년 러시아에서 태어난 벤처 투자가로서 소셜 미디어 트위터와 페이스북에 투자해 큰돈을 벌었다. 그는 사업가일 뿐만 아니라 모스크바 대학교 졸업 후 옛 소련 과학 아카데미 산하 연구소에서 일한 경험이 있는 물리학자이기도 하다. 그래서인지 과학 연구에 기부를 많이 하는데, 2016년 4월에는 지구에서 4.3광년(대략 40조 킬로미터) 떨어진 알파 센타우리 항성계로 우주선 함대를 보내겠다며 하늘의 별을 따올 기세로 자신만만하게 큰소리쳤다.

우주에 지적 생명체는 몇이나 될까? 혹 우리뿐일까? 이 질문에 천체물리학자 스티븐 호킹 Stephen Hawking은 이렇게 답했다.

"우주에서 지구에만 생명체가 존재한다고 생각할 수는 없다. 천억 개 이상의 은하가 존재하는 우주에 외계 지적 생명체가 존재할 것이라는 생각은 지극히 이성적이다."

아마 물리학자 출신 벤처 사업가 유리 밀너 Yuri Milner도 이 생각에 동의할 것이다. 밀너가 후원하는 '발견을 향해 내딛기' Breakthrough Initiatives 프로그램이 외계 지적 생명체를 찾고 있으니 말이다. '발견을 향해 내딛기'는 외계 지적 생명체를 찾기 위해 2015년 만들어진 국제 민간 조직으로 유리 밀너 외에 세계적인 물리학자 스티븐 호킹과 페이스북의 창업자 마크 저커버그 Mark Zuckerberg가 함께 만들었다.

이건 태양 돛이다. 레이저가 아니라 태양 빛의 힘으로 우주를 날지만, 원리는 빛 돛과 똑같다. 2010년 우주 탐사선 IKAROS 2010이 처음으로 가속 비행에 성공했다.

유리 밀너와 스티븐 호킹 박사가 스타샷 실행계획을 설명하고 있다.

이 단체는 지구에서 소극적으로 외계 지적 생명체가 보낸 신호를 기다리기만 하지 않는다. 그런 일도 하지만, 우주를 직접 뒤질 계획도 있다. 이 우주 여행의 실행 계획명은 '발견을 향해 내던지기'Breakthrough Starshot, 일명 스타샷이다. 스티븐 호킹 박사는 별을 향해 쏘는 첫 시도인 스타샷 실행 계획이 인류 문명을 오래오래 지키려면 꼭 필요하다고 강조했다. 지구가 소행성과 부딪히거나, 방사선 폭발에 휩쓸리면 어떻게 하겠는가? 지구 외의 다른 행성으로 도망가야 하지 않겠는가?

2016년에는 스티븐 호킹처럼 인류가 조만간 외계 행성을 개척해야만 한다고 주장하는 사람들이 신바람이 날 만한 일도 있었다. 2016년 8월, 유럽 남방 천문대 ESOEuropean Southern Observatory에서 프록시마 켄타우리Proxima Centauri 주위를 도는 외계 행성 프록시마 bProxima b를 발견한 것이다. 프록시마 켄타우리는 스스로 빛을 내는 항성으로, 우리가 사는 태양계에서 가장 가까운 알파 센타우리Alpha Centauri 항성계에 있는 3개 항성 중 하나다. 초기 조사에서는 프록시마 b가 생명이 살 수 있는 조건을 갖췄다고 보았고, 2016년 10월 조사에서는 심지어 지구와 비슷한 바다가 있을 것이라 보았다. 지구로부터 고작 4.3광년 떨어진 곳에 생명이 살 수 있는 골디락스goldilocks* 행성이 있을지도 모른다는 소리다.

---

* 곰 세 마리가 각각 끓여주는 스프 중 뜨겁지도 않고 차지도 않은 가장 적당한 온도의 스프를 주인공 소녀 골디락스가 선택해 마신다는 내용인 영국 전래동화에서 유래했다. 골디락스 행성은 스스로 빛을 내기 때문에 뜨거운 태양 같은 항성으로부터 적절하게 떨어져 있어, 너무 뜨겁지도 않고 춥지도 않아 생명을 잉태할 수 있는 행성을 가리킨다.

조그마한 스타칩 우주선 함대가 프록시마 b에서 생명의 흔적을 찾을 수 있을까?

사실 이제껏 새로 발견한 외계 행성은 수천 개가 넘었지만 모두 어마어마하게 멀리 있었다. 멀어도 너무 멀어서 외계 행성으로 갈 수 있는 우주선 만들기보다 하늘에서 별 따기가 더 쉬울 지경이었다. 그런데 드디어 만만하게 갈 만한 프록시마 b를 찾아낸 것이다! 밀너와 연구단은 스타칩 우주선을 알파 센타우리 항성계로 보내기로 했다.

누가 한 인간에게는 작은 한 걸음이지만, 인류에게는 큰 한 걸음을 내딛게 될까? 아쉽게도 지구 밖으로 나갈 우주선에는 사람이 탈 수 없다. 손바닥만 한 초소형 스타칩 StarChips 우주선이기 때문이다. 작은 우주선을 만드는 이유는 이렇다. 우리는 지금 알파 센타우리보다 50만 배 가까운 화성에 가는 것만 해도 8개월 걸린다. 8 곱하기 50만을 해 보라. 얼마나 무시무시하게 오랜 시간이 걸릴지 짐작이 되는가? 반면 우주에서 가장 빠른 빛은 프록시마 b까지 4년이 조금 넘게 걸린다. 그런데 광속에 가까운 빠르기로 가속하려면 우주선의 크기와 무게가 골칫거리다. 크고 무겁고 느릿느릿한 우주선으로 성간 우주 여행은 어림도 없다. 하지만 손바닥만 한 우주선이라면 거침없이 쭉쭉 달려갈 수도 있다.

작은 스타칩 우주선은 더 빨리 가속하기 위해 빛 돛light sail을 사용한다. 지구에서 고출력 레이저를 쏘아 얇은 실리콘으로 만든 돛에 맞추면 그 힘으로 가속한다. 몇 분 정도 레이저를 쏘아주면 광속의 5분의 1 정도 속도는 너끈히 나온다. 그 뒤로는 텅 빈 우주 공간을 그대로 쭉 떠밀려 나아가면 된다. 진공 상태인 우주에서는 마찰이 일어날 수 없으니 말이다. 예상대로라면 스타칩 우주선이 알파 센타우리까지 가는 데에는 20년에서 30년 정도 걸린다.

아쉽게도 스타칩 우주선을 지금 당장 발송할 수는 없다. 우주선을 만드는 데만 해도 20년가량 시간이 걸리기 때문이다. 고립이나 충돌, 궤도 이탈 등 어떤 문제가 생길지 모르기 때문에 쏘아 올릴 우주선의 수량도 천 개가량으로 예상하고 있다. 앞서 말한 대로 프록시마 b까지 가는 것만 해도 20, 30년이 걸릴 테고, 스타칩 우주선이 찍은 사진을 빛의 속도로 전송한다 해도 5년 이상 걸릴 테니 이 프로젝트가 완성되려면 넉넉잡아 50, 60년은 걸리는 셈이다.

너무 오래 기다려야 한다고 좌절하지는 말자. 넉넉잡아 50, 60년 후면 인류 역사상 처음으로 생명이 살 수 있는 행성의 모습을 볼 수 있을지도 모르는데, 그렇게 생각하면 말도 안 되게 긴 시간도 아니지 않은가? 어쩌면 외계 생명체가 있다는 증거도 함께 볼지 모르고 말이다. 게다가 2017년 6월에는 실험용 스타칩 우주선을 지구 궤도로 쏘아 올리는 데도 성공했다. 그러니 느긋하게 기다려보자.

영화 〈스타워즈〉에는 태양이 2개인 행성이 나온다. 바로 '타투인' 행성이다. 그런데 우주에 정말 그런 별이 있다! 원래 현실은 상상을 따라가고, 우주는 영화보다 흥미진진한 법 아닌가. 이 신기한 행성의 이름은 케플러-1647b이다. 케플러-1647b의 하늘에서는 2개의 해가 나란히 저문다. 해 지는 모습이 얼마나 아름다울까? 우주의 신기한 행성은 케플러-1647b뿐만이 아니다. 온통 다이아몬드로 이뤄진 행성도 있고, 물로만 구성된 행성도 있다. 도무지 빛을 반사하지 않아 어두컴컴한 행성도 있고 말이다.

외계 행성은 우리 지구가 있는 태양계 밖 행성이다. 2018년 8월, 지금까지 인류가 찾아낸 외계 행성은 모두 3천 개가 훌쩍 넘는다. 이 중에는 신기한 행성도 많다.

첫 번째 행성은 지구에서 3700광년 떨어진 '케플러-1647b' Kepler-1647b다. 2016년 6월, 미국 항공 우주국 NASA National Aeronautics and Space Administration가 발견했다. 목성과 비슷한 케플러-1647b는 1197일 동안 2개의 항성 주위를 돈다. 이 별을 쌍성 주위 행성 circumbinary planet이라고 부르는데, 2개의 항성 주위를 도는 행성이라는 뜻이다.

이상한 행성 중에서 2004년 발견된 '게자리 55e' 55 Cancri e를 빼놓을 수는 없다. '얀센' Janssen이라고도 알려진 이 행성은 2012년, 행성 소재의 대부분이 탄소라는 사실이 알려지면서 유명해졌다. 탄

이어 보기

우주에 떼부자가 될
방법이 있다고? ··· 129

태양계에
또 다른 행성이 있다고? ··· 136

케플러-1647b는 처음으로 발견한 쌍성 주위 행성이다.

소에 높은 온도와 센 압력이 더해지면 다이아몬드가 되는데, 얀센 행성 내부는 온도가 높고 압력도 세다. 어쩌면 다이아몬드투성이일 수도 있다. 최소 전체 크기의 3분의 1 정도가 다이아몬드이리라 짐작되는데, 돈으로 환산하면 대략 2만 6900노닐리언* 원이다. 도무지 어느 정도인지 짐작조차 가지 않는다. 지금 당장 곡괭이를 들고 달려가고 싶다고? 워워. 진정하라. 이 다이아몬드 행성이 지구로부터 40광년 먼 곳에 있다. 아무리 최고급 우주선을 탄다 해도, 지금 수준에서는 다이아몬드에 곡괭이 한 번 못 대보고 우주선에서 인생을 마감할 확률이 훨씬 높다. 야심만만한 우주 광부들이 아직도 지구에 남아 있는 것도 그 때문이다.

2011년 발견된 TrES-2b는 가장 시커먼 행성 중 하나다. 목성형 행성이지만, 태양빛을 반사해 밤하늘에서 반짝반짝 빛나는 목성과는 영 딴판으로 도무지 보이지를 않는다. 빛을 딱 1%만 반사하기 때문에 까만 공처럼 보인다. TrES-2b은 왜 빛을 좀처럼 반사하지 않는 거냐고? 아직 모른다.

---

* 10의 30승. 1조에 1조를 곱하고 다시 100만을 곱한 숫자 표현. 영국에서는 10의 54승을 나타내기도 한다.

외계 행성 중 다이아몬드 행성도 있다.

그래도 과학자들이 이유를 찾아내려 애쓰고 있으니 언젠간 알게 되리라.

물로 덮인 물의 행성도 있다. 2009년 발견된, '글리제 1214 b' Gliese 1214 b 이야기다. 크기는 지구와 비슷하지만, 겉모습은 전혀 다르다. 발견 당시의 연구 결과에 따르면, 이 행성은 밀도가 너무 낮아서 행성 대부분이 물로 이뤄졌으리라 추측됐다. 2010년 행성의 대기를 조사하니 대기조차 대부분 수증기였다.

지구로부터 1만 2400광년 떨어져 있는 'PSR B1620-26 b'도 만만치 않게 신기한 행성이다. 나이가 어마어마하게 많아서 '제네시스 행성' Genesis Planet으로 불린다. 도대체 몇 살이길래 어마어마하게 많다고 하느냐고? 127억 살이다. 우리가 지금까지 발견한 행성 중에 가장 늙은 행성이라고 할 수 있는데, 아까 이야기한 케플러-1647b처럼 2개의 항성 주위를 돌고 있다.

지금까지 이야기한 행성들은 너무 멀리 있어서 가까운 미래에 탐험하기는 어려워 보인다. 일단 태양계를 벗어나야 갈 수 있으니까 말이다. 하지만 가까운 외계 행성도 둘 있다. 하나는 제9 행성

최고령 행성 제네시스의 위성에서 바라본, 제네시스 행성과 두 항성의 모습

이다. 2016년 초, 천문학자들은 우리 태양계에 9번째 행성이 있다는 증거를 발표했다. 태양 주위를 돌고 있지만 제9 행성은 태양이 다른 항성으로부터 훔쳐온 외계 행성일 가능성이 있다. 제9 행성이 있는지 없는지 아직 확실하지 않지만, 만약 있다면 태양 주위를 도는 외계 행성이라고 우겨볼 수도 있겠다. 또 다른 하나는 '프록시마 b'Proxima b다. 2016년, 지구처럼 하나의 항성 주위를 도는 프록시마 b가 발견됐고, 그해 10월 이 행성에 바다가 있을지도 모른다는 소식이 들려왔다. 프록시마 b는 지구로부터 4.2광년 떨어져 있다. 만약 우리가 프록시마 b에 갈 수 있다면, 그곳에서는 외계 생명체를 만날 수 있을지도 모른다.

하지만 프록시마 b로 간다고 바로 외계 생명체를 찾아낼 수는 없을 듯하다. 지구에 사는 생명체는 오존을 내뿜는다. 만약 외계 행성에서 오존이 검출되면, 그곳에 외계 생명체가 있을지도 모를 일이지만 2017년 10월에 발표된 연구 결과에 따르면, 프록시마 b는 공전 주기가 너무 짧아, 대략 11일쯤 걸린다. 대기의 흐름도 적도 주변에 집중되어 있다고 한다. 이런 경우, 오존 검출은 매우 어렵다. 여러모로 외계 지적 생명체를 찾는 일은 아직도 멀게만 느껴진다.

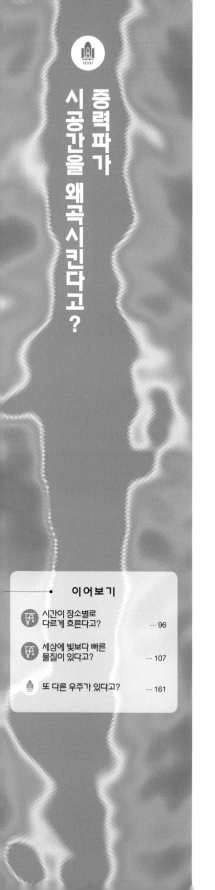

중력파가 시공간을 왜곡시킨다고?

2015년 9월 14일 월요일, 영국 시각으로 아침 11시가 되기 전 지구는 아주 잠깐 찌그러졌다. 우주에서 밀려온 미세한 파동이 지구의 대기와 바다와 땅과 생명체를 늘리고 다시 찌부러뜨린 것이다. 이 파동의 정체는 바로 중력파였다. 일찍이 상대성이론을 발표함으로써 우주에 대한 깊이 있는 통찰을 보여준 바 있는, 아인슈타인이 예언한 중력파를 인류가 드디어 감지한 것이다! 인류는 이후에도 계속 중력파를 관측했고, 2017년 8월에는 중성자 별이 서로 충돌하며 중력파와 감마선을 내뿜는 현상, '킬로노바'의 관측에도 성공했다.

고전 물리학의 세계에서는 시간과 공간이 어디에서나, 누구에게나 동일한 절대적인 것이라고 생각했다. 그러니까 멈춰 있는 사람에게 10분이 지나면, 움직이는 사람에게도 10분이 지났다. 만약 두 사람 사이의 거리가 10미터라면, 누가 보더라도 두 사람 사이의 거리는 10미터였다. 시간과 공간이 절대적이었기 때문이다.

하지만 알버트 아인슈타인 Albert Einstein은 상대성이론을 발표하며 우주에서는 빛의 속도가 절대적이라고 주장했다. 빛의 속도가 누구에게나(관찰자가 멈춰 있거나 움직이거나) 초속 30만 킬로미터로 같아야 하므로 시간과 공간이 관찰자에 상태에 따라 달라지는 상대적인 개념이라고 주장한 것이다. 절대성을 잃어버린 시간과 공간은 함께 유기적으로 얽힌 시공간이라는 개념으로 재탄생했다.

이 놀라운 사실을 밝혀냄으로써 인류를 고전 물리학에서 현대

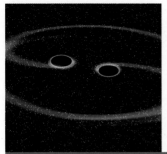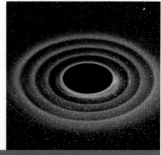

2개의 블랙홀이 충돌하면서 시공간을 출렁이게 하는 중력파를 만들었다.

물리학의 세계로 인도한 알버트 아인슈타인은 '중력파' gravitational wave의 존재도 예언했다. 중력파를 한마디로 정리하면 시공간의 파동이다. 물리학자들은 이를 흔히 연못에 돌을 던지기로 비유한다. 만약 연못에 질량을 가진 돌을 던지면 어떻게 될까? 잔물결이 생겨날 것이다. 시공간이라는 연못에 블랙홀 충돌 같은 돌을 던지면? 중력파라는 잔물결이 생겨날 테고.

아인슈타인의 예측을 증명하기 위해 과학자들은 어떻게든 중력파를 찾아내려 했다. 문제는 중력파가 멀리 퍼져나갈수록 그 힘이 마치 연못의 잔물결처럼 서서히 잦아들어 점점 약해진다는 사실이었다. 예를 들어, 2개의 블랙홀이 충돌했다고 치자. 이 중력파는 블랙홀 충돌 지점을 중심으로 퍼져나갈 것이다. 마치 스프링이 늘었다 줄듯 두 지점 사이의 시공간을 늘였다 다시 줄이며 나아가리라. 그렇게 되면 지구에 도달할 때쯤의 중력파에는 시공간을 늘리고 줄이는 힘이 거의 남아 있지 않다고 봐야 한다. 당연히 인류도 중력파를 검출할 수 없었다.

하지만 중력파는 정말 존재했다! 2015년 9월 14일 월요일, 마침내 그 사실이 입증됐다. 지구에서 14억 광년 떨어진 곳에서 블랙홀이 서로 충돌하며 생겨난 중력파를 감지해낸 것이다. 중력파가 시공간을 일그러뜨린다면서 왜 나는 그걸 못 느꼈냐고 묻는 사람이 있을지도 모르겠다. 질문의 답은 간단하다. 시구를 덮친 중력파의 물결은 미터, 센티미터, 아니면 하다못해 밀리미터 크기도 아니었다. 무려 원자보다 더 작은 물결이었다. 이것이 바로 중력파 감지에 수십 년이 걸린 이유다. 아주아주 미세한 파동도 관측할 수 있는 레이저 관측 장비부터 개발해야 했다는 소리다.

과학자들은 중력파 감지를 위해 레이저 간섭계 중력파 관측소 LIGO Laser Interferometer Gravitational-wave Observatory를 세웠다. 2015년 당시, 이 관측소는 미국 루이지애나 주와 워싱턴 주에 3천 킬로미터 거리를 두고 하나씩 있었다. 왜 관측소를 2개나 세웠냐고? 이론상 중력파는 빛

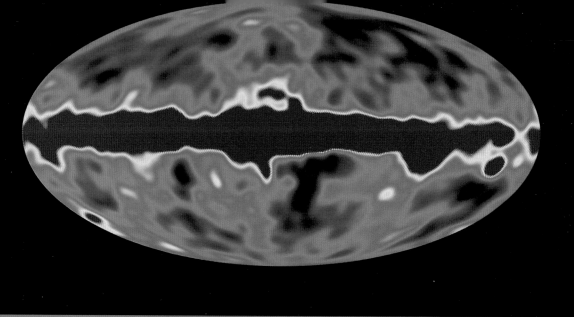

우주배경복사에 우주의 탄생을 알아낼 실마리가 남았다.

의 속도로 이동한다. 그래서 관측소 두 곳을 지나는데 고작 10밀리세컨드의 시간이 걸린다. 만약 두 관측소에서 10밀리세컨드 간격으로 시공간의 출렁임을 관측하면 중력파가 지구를 휩쓸고 지나간 강력한 증거가 되는 것이다.

중력파 입증은 정말이지 대단한 일이었다. 시간과 공간의 본질에 대한 아인슈타인이 생각이 맞았다는 증거였을 뿐만 아니라 우주의 과거와 미래를 새롭게 연구하게끔 하는 도구였기 때문이다. 인류는 중력파를 통해서 우주의 팽창 속도도 측정할 수 있고, 우주의 과거를 한 틈 엿볼 수도 있다. 중력파로 어떻게 우주의 과거를 알아낼 수 있느냐고?

우주 급팽창 cosmic inflation 이론에 따르면, 우주는 대폭발 Big Bang 이 일어나자마자 엄청난 속도로 팽창했다. 그리고 그 충격으로 엄청나게 강력한 중력파를 만들었다. 이때 중력파가 우주배경복사에 남긴 흔적이 대폭발 직후의 갑작스러운 팽창을 뒷받침하는 증거다. 이 원시 중력파를 제대로 측정해내기만 하면 우주의 과거에 대해서도 알 수 있다! 당연히 말처럼 쉬운 일은 아니지만, 언젠가는 인류가 여기에 성공하기를 간절히 바라본다.

우주를 이해하려는 다양한 노력 중에 가장 재미있고, 이해하기 쉬운 것으로 많은 사람이 다중우주론을 꼽을 것이다. 다중우주론은 한마디로 우주가 아주 많다는 이론이다. 그리고 정말 우주가 많이 있다면, 그중에는 어쩌면 우리 지구와 똑같은 별을 지닌 우주가 있을지도 모른다. 예를 들어, 또 다른 '지구'에서 당신은 가장 부자거나, 가장 유명하거나, 가장 똑똑한 사람일 수 있다. 아예 셋 다일지도 모른다! 이를 테면 영화 〈아이언맨〉의 토니 스타크 같은 존재일지도 모른다는 이야기다. 상상만 해도 재미있지 않은가?

　열심히 연구 중이지만, 인류는 아직까지 우주에 대해 아는 것보다 모르는 것이 더 많다. 그래서인지 우주를 이해하기 위한 노력 중에서는 평범한 사람들을 깜짝 놀라게 할 만한 이론도 많다. 그중에는 스웨덴 철학자 닉 보스트롬Niklas Bostrom이 주장한 시뮬레이션 우주론이라는 이론이 있다. 우리의 일상이 극도로 발전한 외계 문명의 컴퓨터로 실행된 가상현실 프로그램 시뮬레이션이라는 이론이다. 단 하나뿐인 고등한 외계 지적 생명체가 진짜 우주에 살고 있고, 우리는 그들의 컴퓨터에서 돌아가는 시뮬레이션 중 하나에 살고 있다는 것이다. 영화 〈매트릭스〉의 배경이 상상보다 진실에 가깝다는 이야기랄까. 확률로만 따지면 그럴듯한 이야기다. 그럴 듯해서인지 이 특별한 이론을 실제로 지지하는 과학자들도 존재하지만, 다중우주론이 죄다 외계 생명체가 눌러대는 컴퓨터 키보드 같

외계 지적 생명체가 슈퍼컴퓨터로 가상현실 시뮬레이션을 실행하고 있을지도 모른다.

은 소리만 해대는 것은 아니다. 무슨 소리냐고? 다중우주론이 하나 이상, 그러니까 여러 가지란 말이다.

다중우주론이 여럿 등장할 수 있는 까닭은 우주가 말 그대로 '엄청나게' 넓기 때문이다. 어쩌면 무한할지도 모른다. 이 이야기를 하려면 대폭발Big Bang부터 언급해야 한다. 오늘날 대부분의 과학자는 우주의 시작이 대폭발이라고 생각한다. 대폭발의 흔적은 138억 년이 지난 오늘날에도 여전히 빛을 잃지 않았다. 마이크로파 우주배경복사라는 단어를 들어본 적이 있는가? 우주배경복사를 간단히 설명하면, 대폭발 때 발생한 열이 빛에 남긴 흔적이다. 최초의 빛이라고 해도 될 것이다. 1965년 A. 펜지어스Penzias와 R. W. 윌슨Wilson이 발견했다.

인류는 발견 후 지난 몇십 년 동안 우주 탄생에 대한 답을 얻을 수 있지 않을까, 기대하면서 우주배경복사를 들여다보았다. 그러다 이상한 사실을 발견했다. 사방에서 날아오는 우주배경복사의 온도가 모두 똑같다는 사실이었다. 말도 안 되는 일이었다. 제한된 공간에 충분한 시간이 주어진다면 열은 퍼져나가며 그 공간의 온도를 똑같게 만든다. 하지만 우주라는 공간은 커도 너무 크다. 빛조차도 우주의 끝과 끝을 쉽사리 오갈 수 없다. 아니, 그건 절대 불가능하다. 그러므로 우주 공간의 온도가 고르게 같다는 것도 절대 있을 수 없는 일이다. 도대체 어떻게 여기저기에서 날아오는 빛 온도가 온통 똑같을 수 있는 것일까?

이 문제를 설명하려 우주 급팽창cosmic inflation이라는 이론이 등장했다. 대폭발Big Bang이 일어난 지 채 1초도 채 지나지 않은 시점, 그러니까 대폭발이 일어나자마자 우주가 믿을 수 없이 엄청난 속도로 팽창했다는 것이다. 빛보다 빠르게 공간이 늘어났고, 알려진 우주의 모든 부분에서 이미 정보를 교환했기 때문에 어떤 방향에서 날아오든 우주배경복사 온도가 똑같다는 것이다. 하지만 우주 인플레이션 이론에 따르면 풀리지 않는 질문이 생긴다. 도대체 우주 팽창이 언제 끝났을까? 아니, 끝나기는 했을까? 이론적으로 주장하자면 우주 팽창은 끝나지 않았다. 이게 무슨 소

천체물리학자가 말하는 대로 우주가 대폭발로 탄생했다면,
끝없이 넓은 우주 어딘가에 쌍둥이 지구가 있어야만 한다.

리냐고? 바로 우주가 아직도 팽창하고 있다는 소리다. 한마디로, 우주는 무한할지도 모른다!

이 생각은 무한한 상상의 장을 열었다. 우주가 무한하다면 우리가 절대 볼 수도, 갈 수도 없는 어딘가에 은하, 행성 그리고 생명을 구성하는 물질의 배열이 완전히 다른 우주가 있을지 누가 알겠는가? 근본적으로 관측 가능한 우주에서 원자의 수는 대략 천 개쯤으로 정해져 있지만, 이 원자가 배열하는 경우의 수는 엄청나게 많다. 정반대의 상상도 가능하다. 우리 별 지구가 속한 태양계와 원자가 똑같이 배열된 곳도 있을 수 있다는 말이다. 알려진 우주 너머 똑같은 쌍둥이 태양, 똑같은 쌍둥이 지구, 그리고 똑같은 쌍둥이 '나'가 있을 수 있다. 이런 쌍둥이 우주가 무한하게 있을 수도 있다. 어차피 끝없는 우주가 펼쳐진다면 확률상 그럴 수 있다. 무엇을 확신하겠는가? 무한히 많은 쌍둥이 우주가 존재한다면 그곳의 우리는 왕일지도 모르고 아니면 스티븐 호킹 Stephen Hawking 빰치는 천문학자일 수도 있다. 앞서 소개한 시뮬레이션 우주론에서도 평행우주를 상상하기는 어렵지 않다. 시뮬레이션 하나를 새롭게 실행시키면 새로운 평행우주가 탄생하니까.

다중우주론에 관한 이야기는 요것도 조것도 과학적 사실이라기보다는 과학 소설에 가까운 이야기지만, 이 소설 같은 이야기에 고개를 끄덕이는 과학자가 놀랍게도 생각보다 많다. 그럼 정말 우리가 사는 우주가 여러 개고, 거기에는 쌍둥이 우주도 있는 것이냐고? 글쎄…… 다중우주론은 입증하기가 매우 까다롭고, 적어도 지구상에는 거기에 대해 자신 있게 말할 수 있는 사람이 없을 것이다. 그저 이렇게 상상해볼 뿐이다. 우주 저 너머 수없이 많은 쌍둥이 우주와 지구가 정말 존재한다면 그중 누군가는 다중우주를 입증해냈을지도 모른다고 말이다. 우리가 사는 이 우주에서는 아직 수수께끼일 뿐이지만…….

쌍둥이 지구를 찾으려면 도대체 얼마나 멀리까지 가야 하는 걸까?

부록

나라별 대학&기관

나라별 대학&기관

찾아보기

미래과학

줄기세포로 소고기를 만든다고?

Team wants to sell lab-grown meat in five years. (15 October 2015) *bbc.co.uk*
Lab-grown meat is in your future, and it may be healthier than the real stuff. (2 May 2016) *The Washington Post*

닭으로 공룡을 부활시킨다고?

Dawn of the chickenosaurus. (12 March 2016) *inquisitr.com*
From chicken to dinosaur: Scientists experimentally "reverse evolution" of perching toe. (22 May 2015) *Science Daily*

미생물이 생명의 비밀을 알려줄 거라고?

"Minimal" cell raises stakes in race to harness synthetic life. (24 March 2016) *Nature*
Artificial cell designed in lab reveals genes essential to life. (24 March 2016) *New Scientist*

DNA를 USB처럼 메모리로 쓸 수 있다고?

The first book to be encoded in DNA. (20 August 2012) *Time*
Communicating with aliens through DNA. (18 August 2012) *Scientific American*

내 마음대로 날씨를 맑아지고, 흐려지게 할 수 있다고?

DRI unmanned cloud-seeding project gains ejectable flare capability. (23 June 2016) *Desert Research Institute*
Does cloud seeding work? (19 February 2009) *Scientific American*

투명 망토가 지진을 막아줄 거라고?

How do you make a building invisible to an earthquake? (September 2012) *Smithsonian Magazine*
How could we build an invisibility cloak to hide Earth from an alien civilization? (14 April 2016) *The Conversation*

인공 태양이 에너지의 미래라고?

Nuclear fusion, the clean power that will take decades to master. (17 May 2015) *The Conversation*
Chinese fusion test reportedly reaches new milestone. (15 February 2016) *phys.org*
Wendelstein 7-X fusion device produces its first hydrogen plasma. (3 February 2016) *Max Planck Institute of Plasma Physics*

가상현실이 우리의 삶을 바꿔놓을 거라고?

Virtual reality took me inside the mind of a schizophrenic. (16 February 2015) *The Daily Dot*
Healing minds with virtual reality. (2 April 2015) *pbs.org*
The effect of embodied experiences on self-other merging, attitude, and helping behavior. (15 Feb 2013) *Media Psychology*

스마트폰에 오디오 잭이 사라졌다고?

Apple says it took "courage" to remove the headphone jack on the iPhone 7. (7 September 2016) *The Verge*
The 19th-century plug that's still being used. (11 January 2016) *bbc.co.uk*

운전대 없는 자동차가 더 안전하다고?

Volvo dashboard sensors take aim at drowsy driving. (19 March 2014) *automotive-fleet.com*
Self-driving Tesla was involved in fatal crash, U.S. says. (30 June 2016) *The New York Times*

지구과학

유전자 변형 음식이 생물을 습격한다고?

RNAi: The Insecticide of the Future. (23 May 2016) *University of Maryland*
The go-between: Life's unexpected messenger. (10 September 2014) *New Scientis*

다음 대멸종의 원인은 지구 온난화일 거라고?

Peter Ward: a theory of Earth's mass extinctions. (February 2008) *TED*
Paleontologist Peter Ward's "Medea hypothesis": Life is out to get you. (13 January 2010) *Scientific American*

2억 5천만 년 전의 화산 폭발이 암을 일으킨다고?

Chinese coal formed during Earth's greatest extinction is still deadly. (1 July 2010) *Wired*
Coal combustion and lung cancer risk in XuanWei: a possible role of silica? (July 2011) *La Medicina del lavoro*

얼음 감옥에 갇혀 있던 살인마가 부활할 거라고?

Biggest-ever virus revived from Stone Age permafrost. (5 March 2014) *New Scientist*
Methane release from melting permafrost could trigger dangerous global warming. (13 October 2015) *The Guardian*

화산 폭발로 지구 온난화를 벗어날 수 있다고?

Geoengineering the planet: first experiments take shape. (26 November 2014) *New Scientist*
Dumping iron at sea does sink carbon. (18 July 2012) *Nature*

슈퍼 산호가 바다를 위기에서 구할 거라고?

Ruth Gates' research to reverse rapid coral reef decline supported by Paul G. Allen. (4 August 2015) *University of Hawai'i News*
Unnatural selection. (18 April 2016) *New Yorker*

재생 에너지에 환경을 오염시킨다고?

The dystopian lake filled by the world's tech lust. (2 April 2015) *BBC Future*
A Scarcity of Rare Metals Is Hindering Green Technologies. (18 November 2013) *Yale Environment 360*

물이 흘러넘치는 사막이 있다고?

Israel Proves the Desalination Era Is Here. (29 July 2016) *Scientific American*

새로운 지질시대가 시작됐다고?

The Anthropocene: a new epoch of geological time? (31 January 2011) *Philosophical Transactions of the Royal Society A*
Scientists Say a New Geological Epoch Called the Anthropocene Is Here. (29 August 2016) *Time*

체르노빌이 야생생물의 천국이 됐다고?

Wolves, boar and other wildlife defy contamination to make a comeback at Chernobyl. (5 October 2015) *The Conversation*
At Chernobyl and Fukushima, radioactivity has seriously harmed wildlife. (25 April 2016) *The Conversation*

물리과학

핵폭탄이 코끼리의 멸종을 막았다고?

Cold War bomb testing is solving biology's biggest mysteries. (11 December 2013) *pbs.org*
Carbon from nuclear tests could help fight poachers. (1 July 2013) *bbc.co.uk*

화산 폭발이 일어나면 끝장이라고?

Earth's time bombs may have killed the dinosaurs. (27 July 2011) *New Scientist*
An ancient recipe for flood-basalt genesis. (18 August 2011) *Nature*

지구에서 가장 흔한 광물을 만질 수는 없다고?

Lucky strike in search for Earth's most common mineral. (27 November 2014) *New Scientist*
Mineral kingdom has co-evolved with life, scientists find. (14 November 2008) *Science Daily*

시간이 장소별로 다르게 흐른다고?

Earth's core is two-and-a-half years younger than its crust. (22 April 2016) *New Scientist*
Real-world relativity: the GPS navigation system. (28 October 2016) *Ohio State University*

시간의 틈 사이로 감쪽같이 정보를 숨길 수 있다고?

How to cloak a crime in a beam of light. (16 November 2010) *New Scientist*
Time cloak used to hide messages in laser light. (28 November 2014) *New Scientist*

조만간 해킹이 불가능한 사회가 될 거라고?

Chinese satellite is one giant step for the quantum Internet. (27 July 2016) *Nature*
Why quantum satellites will make it harder for states to snoop. (24 August 2016) *New Scientist*

세상에 빛보다 빠른 물질이 있다고?

Faster than light? CERN findings bewilder scientists. (23 September 2011) *Los Angeles Times*
Flaws found in faster-than-light neutrino measurement. (22 February 2012) *Nature*

드디어 빛의 비밀을 밝혀냈다고?

Simultaneous observation of the quantization and the interference pattern of a plasmonic near-field. (2 March 2015) *Nature Communications*

우주가 무엇으로 이뤄져 있냐고?

Morphing neutrinos provide clue to antimatter mystery. (12 August 2016) *Nature*

입자물리학으로 우주의 비밀을 풀 수 있다고?

The particle that wasn't. (5 August 2016) *The New York Times*
Physics crunch: Higgs smashes into a dead end. (27 February 2013) *New Scientist*

우주과학

우주 재난으로 인류가 멸망할 거라고?

Is Earth in danger of being hit with a gamma-ray burst? (23 March 2013) *Futurism*
On the role of GRBs on life extinction in the Universe. (13 November 2014) *arXiv*
Did a gamma-ray burst initiate the late Ordovician mass extinction? (5 August 2004) *International Journal of Astrobiology*

우주에 떼부자가 될 방법이 있다고?

$195 billion in metal and fuel will just fly past the Earth. (14 February 2013) *mining.com*
Asteroid miners can learn a lot from Philae's bumpy landing. (30 July 2015) *Wired*
Asteroid-mining plan would bake water out of bagged-up space rocks. (18 September 2015) *space.com*

다음 정차 역은 화성이라고?

Can humans hibernate in space? (27 April 2015) *The Guardian*
"Mars mission" crew emerges from yearlong simulation in Hawaii. (29 August 2016) *npr.org*

태양계에 또 다른 행성이 있다고?

Caltech researchers find evidence of a real ninth planet. (20 January 2016) *Caltech*
Planet Nine hunters enlist big bang telescopes and Saturn probe. (24 February 2016) *New Scientist*

별들의 조상님이 아직도 우주에 살아 있다고?

Astrophysics: primordial stars brought to light. (30 September 2015) *Nature*
Chronology of the Universe. (n.d.) *Wikipedia*

외계 건축물이 별들과 지구 사이를 가로막고 있다고?

The most mysterious star in our galaxy. (13 October 2015) *The Atlantic*
"Alien megastructure" star may be explained by interstellar junk. (19 September 2016) *New Scientist*

손바닥만 한 우주선으로 외계인을 찾을 거라고?

Stephen Hawking and Yuri Milner launch $100m star voyage. (12 April 2016) *The Guardian*
Breakthrough Starshot. (n.d.) *Wikipedia*
Discovery of potentially Earth-like planet Proxima b raises hopes for life. (24 August 2016) *The Guardian*

다이아몬드로만 이뤄진 행성이 있다고?

Space oddities: 8 of the strangest exoplanets. (15 August 2013) *Popular Mechanics*
Diamond planet worth $26.9 nonillion. (12 October 2012) *forbes.com*

중력파가 시공간을 왜곡시킨다고?

The detection of gravitational waves was a scientific breakthrough, but what's next? (April 2016) *Smithsonian Magazine*
What will gravitational waves tell us about the Universe? (17 February 2016) *New Scientist*

또 다른 우주가 있다고?

Ultimate guide to the multiverse. (23 November 2011) *New Scientist*
Horizon problem. (n.d.) *Wikipedia*

Credits

The publishers would like to thank the following sources for their kind permission to reproduce the pictures in this book

Alamy: Channel 4 Steve Gschmeissner: 8–9, Alfred Pasieka 141; ESO: G.Gillet: 142; M. Kornmesser: 143; Vadim Sadovski: 126–127; Mary Evans Picture Library: Walter Myers Stocktrek Images: 125; Mark Galick: 137 (right); Mark Galick: 137 (left); Time Life Pictures Andrzej Mirecki: 150 (left); Jemal Countess: 150 (right); M. Kornmesser /AFP: 151; Rosetta /MPS for OSIRIS Team Philae: 131; Detlev van Ravenswaay: 163; Victor Habbick Visions: 164–165 Levgenii Meyer: 162; JPL–Caltech: 147 (left), Mark Ward /Stocktrek Images: 147 (right); The Virtual Telescope Project: 146 JPL–Caltech 133; HI–SEAS (Hawai'i Space Exploration Analog and Simulation): 133; Claus Lunau: 159; NASA: 159; T. Pyle: 154; Mark Galick: 155; Mikkel Juul Jensen: 98, NASA: 97; Detlev van Ravenswaay: 41; Lionel Flusin /Gamma–Rapho via Getty Images: 119; Peter Tuffy, University of Edinburgh: 118; The Daya Bay Antineutrino Detector: 120; Gregory Davies /Stockimo: 100; Shutterstock: Asharkyu: 101; Ssguy: 108; Alberto Pizzola /AFP: 109; Bettmann: 87 (top); Carl de Souza /AFP: 88 (left); Clipaprea: 88 (right); Mark Wilson /Newsmakers: 90; Mark Boster /Los Angeles Times via Getty Images: 91; Carol and Mike Werner: 114; NASA: 116; Benoit Daoust: 103; STR /AFP: 104; Mark Galick /Science Photo Library: 105; Russell Kightley: 111 (left); Phys.org: 111 (right); Science Photo Orville Andrews: 112; Leonello Calvetti /Stocktrek Images: 93; W.F. Meggers Gallery of Nobel Laureates /Emilio Segre Visual Archives American American Institute of Physics: 94 (right); Caltech: 94 (left); Frederic Dupoux: 31; Aldo Solimano /AFP: 30; Xinhua: 29; Scott Peterson: 37; © 2016 Oculus VR, LLC.: 36; Leo Freitas: 11; John Kuczala: 12; Bettmann: 39; Getty Images: 40 (right); iStockphoto.com: 40 (left); Bochimsang12: 15 (right); Laski Diffusion /EastNews /Liaison: 15 (left); Corey Ford /Stocktrek Images: 14; Peter Ginter: 33; Mikkel Juul Jensen: 34; Leigh Prather: 17 (top); Library: 17 (bottom); Thomas Deernick, NCMIR: 17 (centre); Richard Wong: 24–25; Inga Spence: 26; David Ramos: 27; Jasper Juinen /Bloomberg via Getty Images: 42; iStockphoto.com: 43; Andrew Brookes: 20; Alan Philips: 21; Luis Carlos Torres: 22; IM Photo: 78 (left); Dan Porges: 78 (right), 75; Department Of Energy (DOE) /The LIFE Picture Collection: 79; Stockphoto–graf: 66; Arlan Naeg /AFP: 64; Ho /AFP: 65; BSIP SA: 48; Rogelio Moreno: 47; Photostock–Israel: 76; Jonathan Blair: 55; Halldor Kolbeins / AFP: 56; Amos Chapple: 81; Genya Savilov /AFP: 82; Bernhard Staehli: 104; Leopold Nekula /Sygma via Getty Images: 60; Channel 4 Television: 61; Angela Rohde: 72; Science Photo Library: 73; Kyodo News via Getty Images: 68; David Doubilet /National Geographic: 69; Spod: 51; Custom Life Science Images: 52; Sinclair Stammers: 53;

Icons (Noun Project): Brain by Arthur Shlain, Leaf by Anton Gajdosik, Health by David García, Ape by Milky, Tyrannosaurus Rex by Drew Ellis, Mechanism by LAFS, Rocket by Iconic, CPU by Alina Oleynik.

Every effort has been made to acknowledge correctly and contact the source and/or copyright holder of each picture and Carlton Books Limited apologizes for any unintentional errors or omissions that will be corrected in future editions of this book.

이 도서의 국립중앙도서관 출판예정도서목록(CIP)은 서지정보유통지원시스템 홈페이지(http://seoji.nl.go.kr)와 국가자료공동목록 시스템(http://www.nl.go.kr/kolisnet)에서 이용하실 수 있습니다.
(CIP제어번호: CIP2018041273)

알수록 궁금한
과학 이야기

초판 1쇄 발행 2018년 12월 31일
지 은 이 콜린 바라스
옮 긴 이 이다윤
발 행 처 타임북스
발 행 인 이길호
편 집 인 김경문
책임편집 신은정
편   집 최아라
마 케 팅 이태훈
디 자 인 모랑
제   작 신인석·김진식·김진현·권경민
재   무 강상원
물   류 이수인

타임북스는 (주)타임교육의 단행본 출판 브랜드입니다.
출판등록 2009년 3월 4일 제322-2009-000050호
주   소 서울시 성동구 광나루로 310 푸조비즈타워 5층
전   화 1588-6066
팩   스 02-395-0251
이 메 일 timebookskr@naver.com

ⓒ Colin Barras
ISBN 978-89-286-4476-6 04400
ISBN 978-89-286-4475-9 04400 (세트)
CIP 2018041273